看漫畫輕鬆學

12歲前必學的
基礎科學知識

12歳までに身につけたい 科学の超きほん

監修 **左卷 健男**　譯 周子琪

前言

大家應該都有用過體重計量體重的經驗吧？喝完一瓶五百毫升的果汁後，你的體重會出現多少變化呢？還有，睡前量完體重，隔天早上起床立刻再去量體重時，又會出現什麼樣的變化呢？一起來思考我們的體重為什麼有時會增加、有時又會減少的原因吧！

這裡運用的科學概念，包括最基礎的「物體有重量」、「加上其他的物體時，原本的重量就會變得更重」、「拿出物體後，原本的重量就會變輕」等知識。

大自然是一個非常廣闊的世界，除了石頭、土壤、草、樹、蟲、鳥、動物、人類、河流、海洋、天空、星星……這些我們眼睛看得到的事物之外，還涵蓋了原子和分子等肉眼看不見的微小物質，以及浩瀚的宇宙……。

科學家們在鑽研大自然時，解開了許多無法用「常理」想

像以及令人驚訝的事情，從中一點一滴累積起來的知識，就是我們所謂的自然科學（以下簡稱「科學」）知識。

縱使如此，自然界中仍然存在著許多我們不懂的事情和「謎團」。所以科學家們才會日以繼夜地持續研究，我們也因此學到很多事情。

本書闡明了廣闊的大自然奧祕，並且揭示了我們到目前為止所知道的基礎知識。透過了解科學「最基礎」的概念，培養孩子觀察自然，以及與自然共生共存的能力。

包含人類在內，圍繞我們身邊的自然世界，充滿了各種有趣的事物。

我期望每位讀者閱讀本書後，心中能稍微產生「這個會出現什麼變化呢？」、「那個會是什麼呢？」的疑問。保持好奇心、隨時提問及持續學習是非常重要的事情，將是幫助你豐富知識，並且讓自己變得更加聰明，一生受用的方法。

監修 左卷 健男

目次

- 漫畫 序幕……2
- 前言……6
- 登場人物……11

1 生物的世界

- 漫畫 生物是什麼呢？……12
- 什麼是生物？……14
- 植物的構造……16
- 動物的分類和身體構造的區別……18

2 人體的構造

- 漫畫 人類與動物的區別……20
- 人類的四肢構造……22
- 支撐身體活動的骨骼和肌肉構造……24
- 負責攝取養分的消化和吸收構造……26
- 呼吸不可欠缺的肺部和血管構造……28
- 人類體內孕育的嬰兒……30
- 動動腦① 一起來看看生物吧！……32

3 萬物都是由原子和分子構成的

- 漫畫 冰塊黏在手指上的原因……34
- 測量重量、體積的方式……36
- 密度＝質（重）量÷體積……38
- 構成物質的原子和分子……40
- 想知道更多 物質和分子的形狀……42

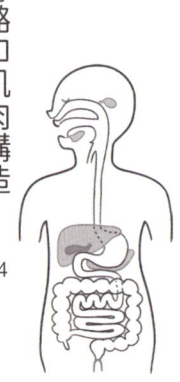
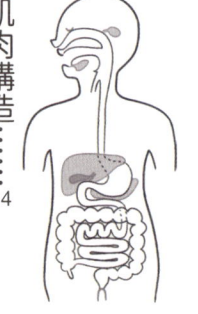

8

4 物體會在水中溶解

- 物體如何溶解？有多少溶解量？……44
- [想知道更多] 水溶液的特性……46
- 水溶液的奧祕……48

5 物理變化和化學變化

- 改變物質形狀的物理變化……50
- 產生不同物質的化學變化……52
- [想知道更多] 物理變化的奧祕……54
- [動動腦②] 一起來了解化學吧！……56

6 觀看物體和聆聽聲音的原理

- [漫畫] 聲音的傳導方法……58
- 光的特性……60
- 聲音的特性……62
- [想知道更多] 光和聲音的奧祕……64

7 力量和工具

- [漫畫] 拉力關係……66
- 「擺」的構造和特性……68
- 槓桿的構造……70
- 運用槓桿原理的工具……72
- 滑輪是如何運作的？……74

8 磁鐵和電的世界

- [漫畫] 瞬間觸電的靜電……76
- 磁鐵的特性……78
- [想知道更多] 磁鐵的奧祕……80
- 破壞電量平衡的「靜電」……82
- 認識電的原理與特性……84

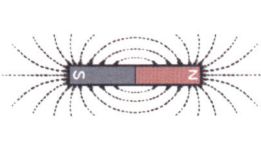

9

9 天氣的變化

- 漫畫 雨和雲的關係……96
- 產生雲和風的原理……98
- 認識日本的氣候特徵……100
- 帶來強風和豪雨的颱風……102

10 地球和宇宙

- 河流生成的地形……104
- 大地震動引起的地震……106

- 想知道更多 地球的奧祕……108
- 漫畫 廣闊的宇宙世界……110
- 會自轉的地球……112
- 認識月相變化和日蝕、月蝕……114
- 關於太陽系和銀河系……116
- 動動腦④ 一起來了解地球和宇宙吧！……118

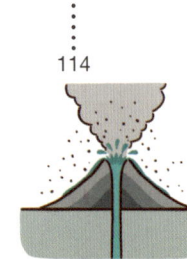

11 生物科技

- 結合生物創造出來的技術……120 
- 「生物科技」——
- 漫畫 尾聲……124
- 給家長們的話……127

為什麼連接方式會改變電力？……86
通電時具有磁力的電磁鐵……88
電可以轉換成不同的形式……90
想知道更多 電的奧祕……92
動動腦③ 一起來了解物理吧！……94

10

登場人物介紹

優香（國中二年級生）

小遙的姐姐。精力充沛、個性開朗,不擅長念書,總是考前才臨時抱佛腳。

小淳（小學五年級生）

和小遙是青梅竹馬的玩伴,時常到小遙家玩,最喜歡上體育課。雖然不太喜歡自然課,但對實驗課程卻樂在其中。

小遙（小學五年級生）

喜愛閱讀、同時超級喜歡動物,知識淵博又可靠的女孩,興趣是研究宇宙。放學後,經常會教小淳寫功課。

瓦特

小遙和優香飼養的黃金獵犬。以人類的年齡來說,瓦特與小遙、優香的年紀差不多,大約十歲左右,最愛外出遊玩。

活力精靈小P

為了研究,從科學之星來到地球的精靈。立志當一位氣象預報員,一聊到天氣就停不下來。

能量精靈小E

跟著小P一起來到地球的精靈,個性善良又勤奮,未來的夢想是在科學之星當學校老師。

生物

什麼是生物？

生物會吸收養分並且繁衍後代

我們的生活周遭有許多生物存在,例如:貓、狗、魚、牽牛花、向日葵,還有人類,這些都是生物。凡是有生命的物種,都可以說是生物。

接著,我們來看看下面的圖片,有哪些是生物?假設我們以「有沒有生命」這點來思考,那麼石頭、機器人和自動販賣機就不是生物。那麼,太陽和火山是什麼呢?每天反覆爆發的火山,以及看起來彷彿有生命一樣的太陽,它們兩者都不是生物。

生物必須具備兩項條件:一項是「物質轉換」,會吸收生存所需的東西,然後丟掉不需要的。另一項是「自我繁殖」,也就是繁衍後代的意思。任何具備這兩項條件的物種都可以稱為生物,我們可以利用這兩項條件來辨別「生物」與「非生物」。

太陽和火山並不能說是有「生命」,只能說是有「活動」。

生物與非生物

太陽
石頭

自動販賣機

機器人

火山

珊瑚
生物

上圖中,唯一同時具有「物質轉換」和「自我繁殖」能力的只有珊瑚。

1 生物的世界

「動物」與「植物」的區別

生物大致上可區分為動物和植物。動物指的是「會動的生命體」，透過飼料或覓食其他的生物來獲取營養。因此，動物所做的「物質轉換」是進食、呼吸、排泄等動作。

植物不像動物擁有嘴巴或消化器官，不過它們能夠透過光合作用，自行製造所需的養分。

那麼，珊瑚到底是動物還是植物呢？珊瑚的外觀看起來像植物，但卻跟海葵一樣是屬於腔腸動物喔！

生活在海中的珊瑚，部分還帶有能夠麻痺獵物的毒針，它們主要的食物來源是捕捉海中的浮游生物。

◀ **生物的條件** ▶

物質轉換 從外部獲取或自行製造所需的養分。

自我繁殖 動物以受精的方式繁衍後代，植物則利用種子繁衍。

生物

植物的構造

植物透過「光合作用」製造養分

植物如何自己製造養分呢？主要是經由葉片提供養分。

許多植物的葉細胞中都有葉綠體，它是專門負責製造養分的綠色顆粒。葉綠體利用太陽的光能，將二氧化碳及水轉換成氧氣和葡萄糖，這個過程稱為「光合作用」。

光合作用所產生的葡萄糖，會以類似澱粉的形式儲存在植物體內，提供植物生存所需的養分與生長的物質。

◀ 光合作用的原理 ▶

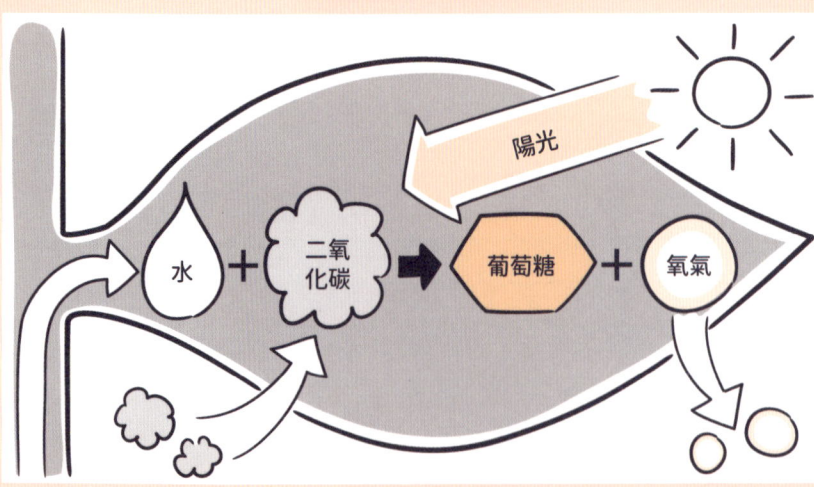

植物利用太陽光能，將根部吸收到的水分與空氣中吸收到的二氧化碳合成之後，轉換為葡萄糖和氧氣。葡萄糖會成為植物的養分，氧氣則排放到空氣之中。

植物和動物一樣，也會透過吸收氧氣和釋放二氧化碳來呼吸。

16

「花」和「果實」負責繁衍後代

植物的花和果實具有什麼功用呢？花朵中含有「雌蕊」和「雄蕊」，當附著在雄蕊上面的花粉與雌蕊接觸時，就稱為「授粉」。而花粉與雌蕊根部的胚珠結合後，則變成「種子」。

植物無法自體移動，需藉由昆蟲、鳥類、風和水等媒介物來傳播花粉。

種子形成後，種子外側的子房會變成果實。

當鳥類或動物吃掉果實，隨意在某個地方排泄後，種子就會在那裡發芽和生長。透過這樣的方式，植物得以拓展它們的棲息地並且留下後代。

◀ 花的構造（油菜花）▶

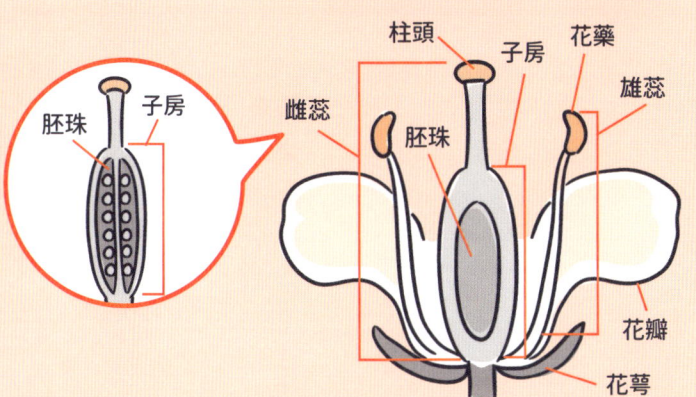

雌蕊有子房，子房裡頭有胚珠。一旦與雄蕊的花粉完成授粉後，胚珠會變成種子，而子房在最後會成為「果實」。

◀ 各種傳播花粉的媒介 ▶

風媒
利用風力作為傳粉媒介：
如松樹、杉樹。

鳥媒
利用鳥類作為傳粉媒介：
如山茶花、梅花。

蟲媒
利用昆蟲作為傳粉媒介：
如蒲公英、杜鵑花。

水媒
利用水作為傳粉媒介：
如松藻、黑藻。

生物

動物的分類和身體構造的區別

脊椎動物與無脊椎動物

動物可分為有脊骨的脊椎動物及無脊骨的無脊椎動物。其中，脊椎動物又分為哺乳類、鳥類、爬蟲類、兩棲類和魚類。

有沒有脊骨，會出現什麼樣的差異呢？帶有脊骨的身體，代表擁有堅固的骨骼，並且可以鍛鍊出強壯的肌肉。當身體擁有肌肉，運動能力也會跟著提升，使得牠們能成為世界上佔有生存優勢的群體。

◀ 動物的分類 ▶

動物
- 脊椎動物
  - **哺乳類**
    例如：猴子、狗、鯨魚。
  - **鳥類**
    例如：麻雀、鴿子、企鵝。
  - **爬蟲類**
    例如：蛇、烏龜、蜥蜴。
  - **兩棲類**
    例如：青蛙、蠑螈。
  - **魚類**
    例如：鱘魚、沙丁魚、鯽魚。
- 無脊椎動物
  例如：章魚、水母、蝦子、昆蟲。

哺乳類的「哺乳」指的是供給母乳。這類的動物因為是倚靠母乳餵養長大的，所以稱為「哺乳類」。

大多數非哺乳類的脊椎動物，是由雌性產下的卵孵化而成的。哺乳類動物的幼崽，則是在雌性體內成長至胎兒的狀態後，再從雌性的身體分娩而出。

18

脊椎動物與昆蟲的身體構造不一樣

脊椎動物利用體內的骨頭來支撐身體，這樣的身體架構稱為內骨骼。蝦子和昆蟲等無脊椎動物，則是以堅硬的外殼來支撐身體，這類的外殼稱為外骨骼。

蝦子和昆蟲等具有外骨骼的生物，在生長時會進行脫皮，也就是脫掉身上的舊外殼，以便讓身體變得更大。

在昆蟲成長的過程，會經歷「變態」。從「儲存營養」的幼蟲階段到「繁衍後代」的成蟲階段，會藉由變態過程改變身體的結構。其中，又分為體態變化較大的「完全變態」與體態變化不大的「不完全變態」等不同的蛻變型態。

◀ 昆蟲的成長 ▶

完全變態 從卵到幼蟲、蛹和成蟲的成長階段，外觀經歷了很大的變化。
如蝴蝶、獨角仙。

卵　　　幼蟲　　　蛹　　　成蟲

不完全變態 從卵成長到幼蟲，然後再到成蟲。
與完全變態相比，幼蟲和成蟲的外觀沒有顯著的差異，如蟬、蚱蜢。

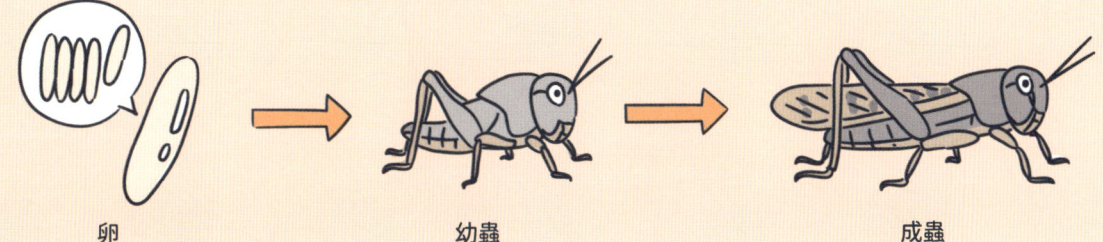

卵　　　幼蟲　　　成蟲

生物

人類的四肢構造

能用兩隻腳走路的只有人類！

人類是唯一用兩隻腳行走的哺乳類動物。**用兩隻腳走路的人類**，其骨骼架構比其他用四隻腳走路的動物大很多，其中最明顯的地方就是髖骨和脊椎骨。

人類脊椎骨的骨骼架構呈現垂直延伸的S型，牢固地支撐身體的頭部。寬大而堅固的髖骨（骨盆）則支撐著身體的內臟器官。正因為身體擁有這樣的骨骼架構，人類才能夠長時間的用兩隻腳走路。

◀ **人類與大猩猩的骨骼架構** ▶

人類的脊椎呈現S型。大猩猩的脊椎不是S型的，所以無法站立，也沒有辦法用兩隻腳走很長的距離。

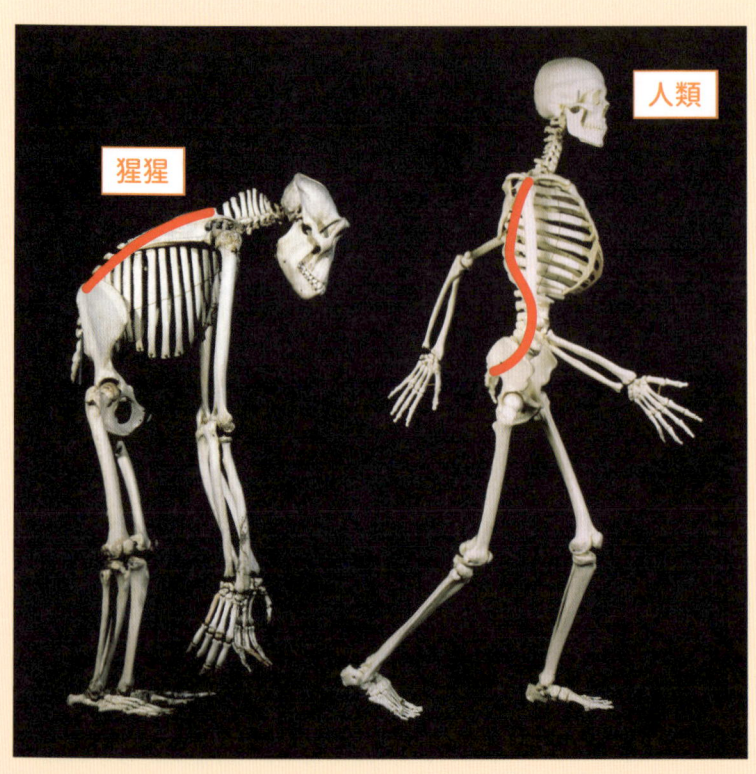

猩猩　人類

人類與猴子的手腳構造類似嗎？

與其他動物相比，大猩猩等靈長類動物，與人類較為相似。

不過，**用兩隻腳走路的人類與無法輕鬆地用兩隻腳走路的靈長類動物之間，手部與足部仍有很大的差異。**

人類的腳底呈弓形，擁有強韌的肌肉，使得人類只需要兩隻腳就能支撐身體行走。另外，人類能夠靈活地轉動手部的大拇指，使其更輕鬆地使用工具。其他像是猴子等靈長類動物的大拇指，無法與另外四指對碰，做出鉗形的動作，但人類可以。

人類的祖先，大約在七百萬年前，學會了使用兩隻腳走路，逐漸進化成現在的身體結構。

◀ 人類與猴子的手部構造 ▶

人類可以靈活地使用大拇指，所以能夠牢牢地抓住或握住東西，並且熟練地使用工具。

◀ 人類的腳底構造 ▶

用兩隻腳走路的人類，腳底呈弓形凹陷狀，但用四隻腳走路的猴子沒有這個特徵。

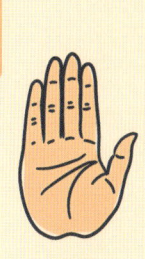
人類

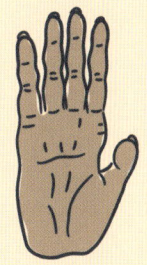
黑猩猩

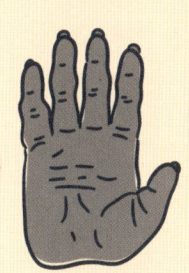
大猩猩

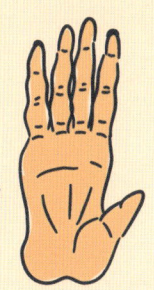
紅毛猩猩

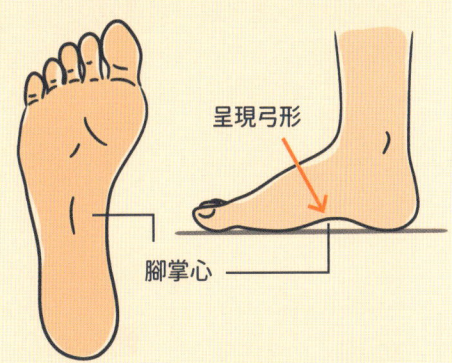
呈現弓形
腳掌心

◀ 人類與猴子的肩胛骨構造 ▶

人類的肩骨（肩胛骨）位於身體的後方，以便讓手部能更容易朝各個方向活動。猴子等用四隻腳走路的動物，為了容易行走，他們的肩胛骨位於身體的兩側。

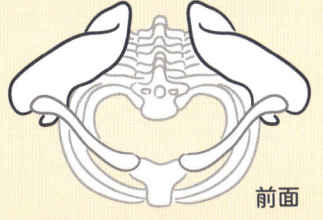
前面
人類的肩胛骨

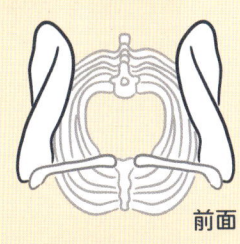
前面
猴子的肩胛骨

生物
支撐身體活動的骨骼和肌肉構造

骨骼有什麼功用？

接下來，說明骨骼在人體中所負責的工作。

首先是支撐身體。我們的身體如果沒有骨骼，整個人就會變得軟趴趴的，沒有辦法動，也沒辦法走路。

第二是保護內臟。例如，頭蓋骨保護我們的腦部，肋骨保護我們的肺部與心臟。

最後是負責製造血液。人體的大骨裡面有一個產生血液的部分，稱為骨髓。

◀ **人類的骨骼** ▶

嬰兒的骨頭大約有300根，人類隨著成長發育，身體的骨骼會相互連接，等到成人後，大約變為200根。

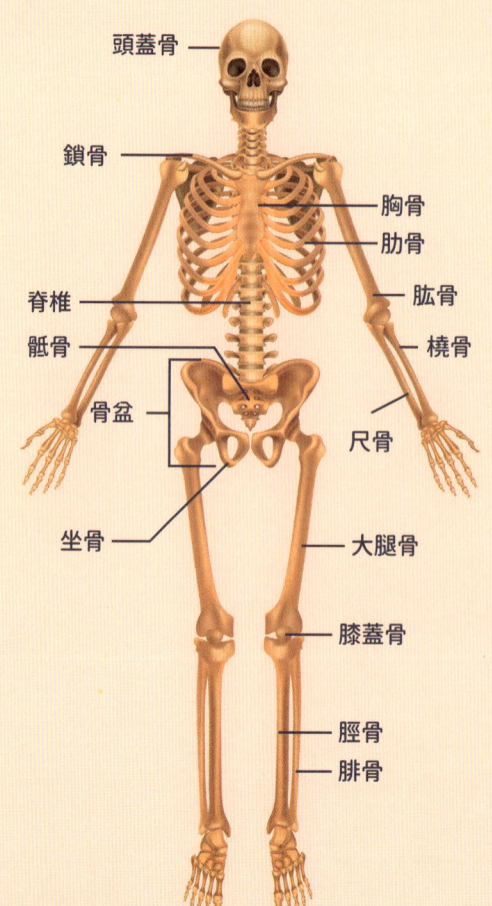

頭蓋骨
鎖骨
胸骨
肋骨
肱骨
脊椎
橈骨
骶骨
骨盆
尺骨
坐骨
大腿骨
膝蓋骨
脛骨
腓骨

骨骼還具有儲存鈣質的功用，鈣質也有助於心臟運作。

我們的身體是如何活動的呢？

人體中每塊骨骼皆相互連結在可彎曲的部位，這些連接點稱為「關節」。

關節的內側構造中有一塊柔軟的骨頭（軟骨），主要負責充當關節之間的緩衝墊。同時還有能夠牢固地將骨頭相互連接在一起，防止骨頭位移的韌帶。

此外，在關節最外側，則有肌肉連結兩側的骨頭，身體就是藉由伸展或收縮這些肌肉來帶動骨骼活動身體的。

關節的活動方式因位置而異。例如，肩關節可以自由的前後左右活動，但肘關節只能往單一方向彎曲和伸直。

◀ 膝關節的結構 ▶

膝關節是人體最大的關節。它包含了骨骼、韌帶和軟骨等構造，讓使用兩隻腳走路的人類能夠順利地做出「行走」、「跑步」、「蹲伏」等的生活動作。

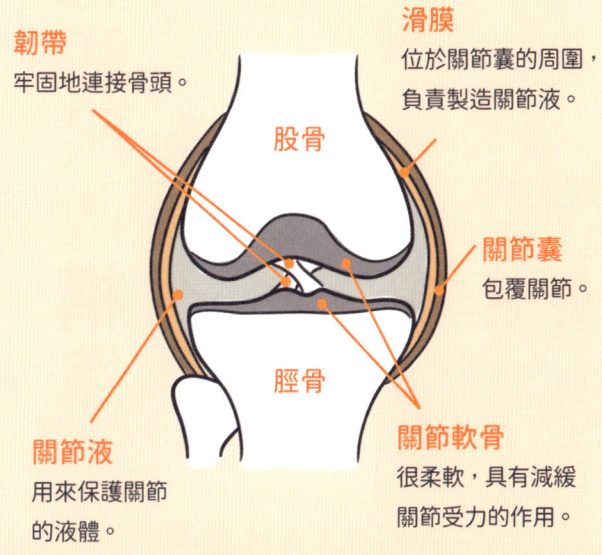

韌帶 牢固地連接骨頭。
滑膜 位於關節囊的周圍，負責製造關節液。
股骨
關節囊 包覆關節。
脛骨
關節液 用來保護關節的液體。
關節軟骨 很柔軟，具有減緩關節受力的作用。

◀ 手臂如何彎曲 ▶

當手臂內側的肌肉收縮時，手肘就會彎曲，外側肌肉即呈現伸展的狀態。透過這樣的動作，使手臂能夠彎曲與伸直。

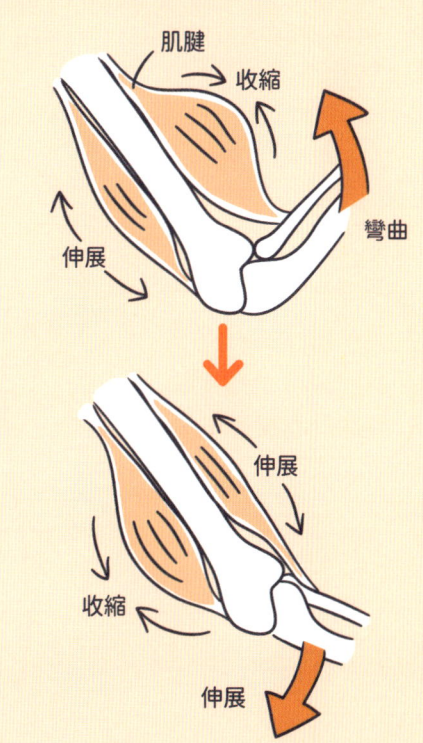

肌腱 收縮 彎曲 伸展
伸展 收縮 伸展

生物

負責攝取養分的消化和吸收構造

口腔與肛門互相連結嗎？

食物進入口腔，經過胃和腸道時，會被分解成細小的營養物質，接著被身體吸收。這個將食物分解為營養素的過程稱為「消化」；將消化後的營養帶入體內的過程則稱為「吸收」。

食物進入口腔→食道→胃→小腸→大腸，歷經消化和吸收之後，產生的殘渣會由臀部的孔（肛門）排出體外。換句話說，口腔、胃、小腸、大腸、肛門等器官是一根相通的長管，而食物會通過的這條管道，稱之為「消化道」。

◀ 人體的消化道 ▶

食物如圖示的箭頭，通過人體的消化道。除了消化道以外，消化系統還包括了唾液腺、肝臟、胰臟、膽囊等消化器官，負責製造消化食物的液體（消化液）與儲存食物。

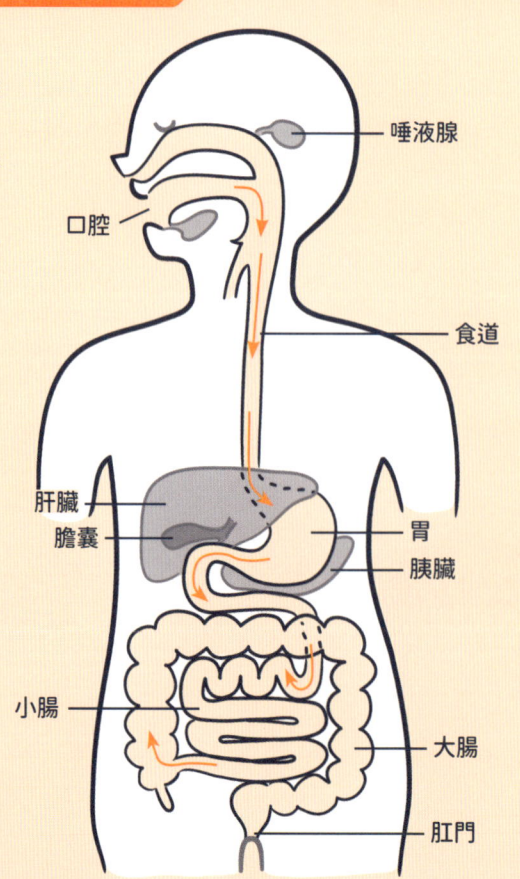

小腸是人體內最長的器官，長度大約是身高的四倍。

26

身體如何消化及吸收食物？

食物，例如米飯和麵包等碳水化合物，第一步會在口腔中被分解成小塊，口腔中的唾液腺會分泌唾液來消化這些食物，然後送至胃部。食物進入胃部後，在胃中經過胃酸消化，最後來到小腸，透過胰液和腸液等的消化液進行消化。

小腸壁會吸收食物消化過後所含的營養。另一方面，食物中所含的水分與消化液的水分，會在通過大腸時，被人體吸收。

被身體吸收的養分會透過血液輸送到全身，然後儲存在身體內，形成幫助身體生長發育及維持生命所需的能量。

◀ 負責吸收營養的小腸壁 ▶

小腸壁的表面積很大，上面有著細微的皺褶，以及稱為絨毛的毛髮狀突起物，有助於人體吸收營養。絨毛的長度約1公釐，小腸總長約6至7公尺、表面的面積約等同於一個網球場大。養分則是經由絨毛中的微血管，吸收到人體內。

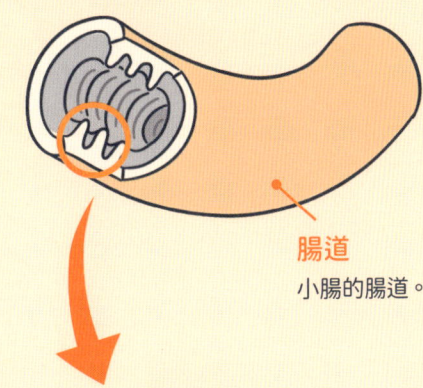

腸道
小腸的腸道。

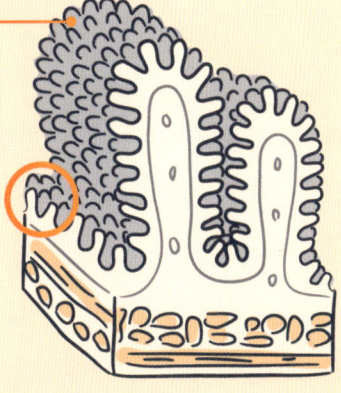

腸絨毛
細毛狀的突起物，負責吸收養分。

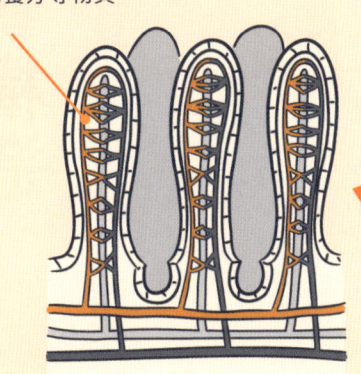

微血管
細微的血管，負責輸送身體吸收的養分等物質。

生物

呼吸不可欠缺的肺部和血管構造

吸氣與呼氣哪裡不同呢?

氧氣是產生營養素、維持生命能量的必要元素。因此，許多生物會藉由吸收空氣中的氧氣來製造維持生命的能量。

人類從嘴巴和鼻子吸入的空氣會經由氣管輸送到肺部。肺部的血液會吸收空氣中的氧氣，並且釋出二氧化碳，然後再將含有二氧化碳的空氣經由嘴巴和鼻子排出。

這個吸入氧氣後，再排出二氧化碳的過程，稱為「呼吸」。

◀ 呼吸系統 ▶

二氧化碳

氧氣

肺

心臟

魚類是用鰓呼吸的喔！透過魚類鰓中的血管吸收水中的氧氣後，再吐出二氧化碳。

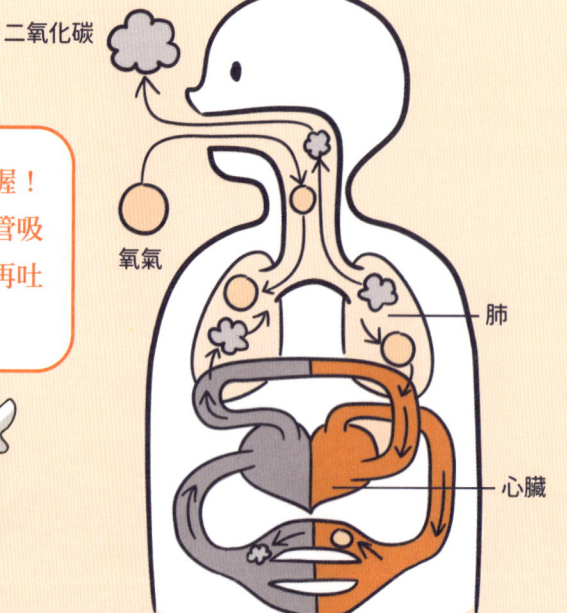

人體的肺部有許多與微血管緊密相連的囊泡，稱為「肺泡」。從口鼻吸入空氣時，氧氣會穿過肺泡，滲入微血管中的血液內，再從心臟打出去輸送到全身。接著，二氧化碳會被送至肺泡，最後經由口鼻排出體外。氧氣與二氧化碳透過這樣的方式，在肺部進行氣體交換。

2 人體的構造

氧氣如何運送到全身？

人體裡面布滿了輸送血液的血管。肺部吸收氧氣並釋放二氧化碳之後，將含氧的血液輸送到心臟，再透過心臟收縮的力量，將血液通過動脈輸送到全身。

這時，身體能量來源的氧氣與養分也會跟著輸送到全身，接著，帶有二氧化碳的血液通過靜脈回流到心臟。返回心臟的血液會再輸送到肺部，進行氧氣與二氧化碳的循環交替。

血液中也攜帶著身體不再需要的物質。這些布滿在人體內的物質，先經過肝臟處理後，再經由腎臟過濾，最後形成尿液排出體外。

◀ **血液輸送過程** ▶

從心臟打出的血液會將氧氣和營養物質輸送到全身後再返回心臟。這時，部分的血液會流至消化道，然後把經過消化、吸收系統攝取的營養素運送到肝臟中。肝臟再將這些營養素轉化為人體所需的物質，並且儲存起來。

體內的血管連接起來，可長達90000公里。心臟每天打出的血液量為8000公升，相當於可沐浴30至40次的水量喔！

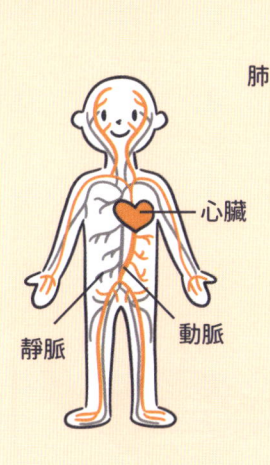

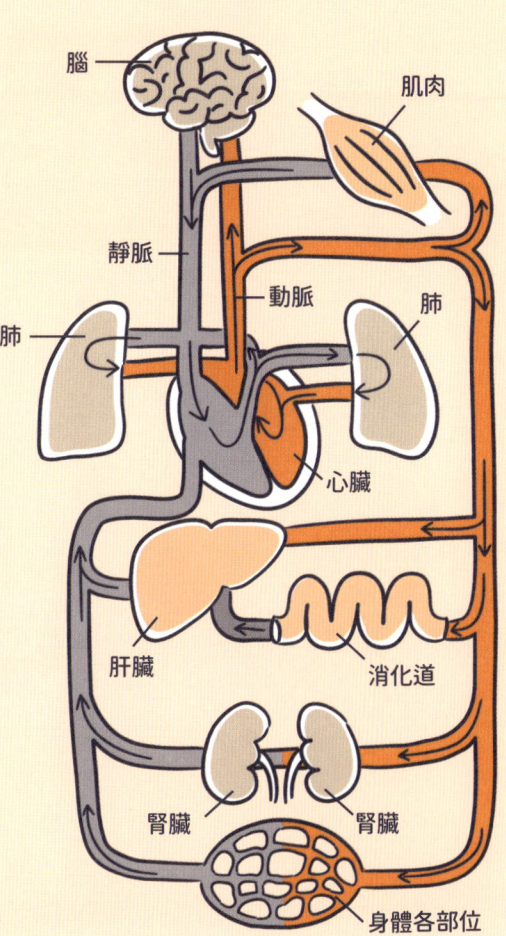

生物

人類體內孕育的嬰兒

嬰兒是如何出生的呢？

人類的嬰兒在母親的子宮裡吸收養分，然後成長。即使出生後，人類在嬰兒成長時期仍會持續從母親身上獲得母乳，接收營養。

嬰兒形成的初期為受精卵，是由母親的卵子和父親的精子結合而成的細胞。

受精卵在母親的子宮內，經歷多次的細胞分裂（細胞分裂後再增殖）後，逐漸成長，最後成為嬰兒出生。

◀ **嬰兒的成長** ▶

受精卵的大小約0.14公釐，大約到達38週（約270天）後，會以嬰兒的型態出生。這時的體重約3000公克、身高約50公分。

8週	16週	24週	36週
子宮			
身高：約3公分	身高：約22公分	身高：約35公分	身高：約45公分
體重：約1公克	體重：約140公克	體重：約800公克	體重：約2700公克
眼睛、耳朵已經發育，四肢的形狀也變得更加清晰。	臉部與身體的樣態清晰可見，可判斷性別。	開始不停地變換身體的姿勢。	最後形成新生嬰兒的型態。

小倉鼠的寶寶停留在母親肚子裡的時間約2至3週。非洲象在母象的肚子裡約22個月，出生時的體重多達100公斤！體型越大的動物，待在母親體內的時間越長。

嬰兒如何獲取養分呢？

待在子宮內的嬰兒，周圍充滿著稱為「羊水」的液體，嬰兒透過「臍帶」這根管子與母親的身體相連，並藉由臍帶獲取維持生命及成長所需的養分和氧氣，孕育成形。

子宮壁上連結臍帶及母親身體的部位，稱為「胎盤」。嬰兒的血管穿過臍帶，在胎盤中形成一個網狀結構。

除此之外，胎盤中也佈滿了母親的血管。嬰兒透過這些血管獲取養分和氧氣，再將二氧化碳等不需要的物質傳遞回到母親身上。

◀ 子宮與胎盤 ▶

嬰兒透過胎盤的血管獲取營養及氧氣，再將不需要的物質傳回到母親身上。

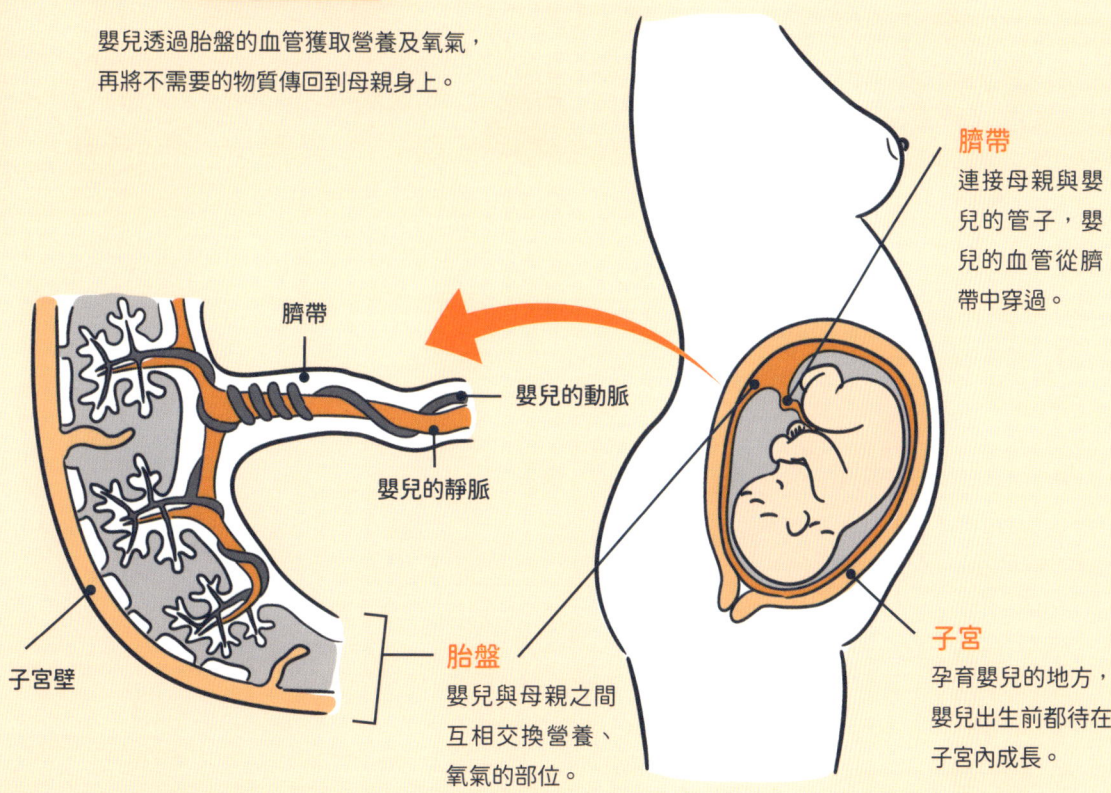

臍帶
連接母親與嬰兒的管子，嬰兒的血管從臍帶中穿過。

子宮
孕育嬰兒的地方，嬰兒出生前都待在子宮內成長。

胎盤
嬰兒與母親之間互相交換營養、氧氣的部位。

子宮壁、臍帶、嬰兒的動脈、嬰兒的靜脈

練習❶

一起來看看生物吧！

生物到底是什麼呢？

Q1

下列各圖，哪一些是生物呢？

太陽

石頭

自動販賣機

機器人

公雞

蒲公英

火山

珊瑚

Q2

植物透過光合作用會產出哪些物質？（可複選）

① 氧氣
② 氫氣
③ 二氧化碳
④ 葡萄糖
⑤ 蛋白質

光合作用主要發生在葉子。

32

Q5

哪一個是製造血液的器官？

① 心臟
② 腦
③ 骨

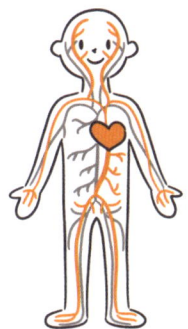

Q3

除了哺乳類以外，脊椎動物還有哪些種類呢？請試著說出所有的種類。

不是所有的生物都有脊椎喔！

Q6

人類的嬰兒在母親的子宮裡待了多久呢？

① 約150天
② 約270天
③ 約390天

Q4

人類與猴子的特徵，哪一個正確呢？

① 人類能夠靈活運用大拇指。
② 人類的肩胛骨在身體前方。
③ 猴子的腳有足弓。

解答

Q1 公雞、蒲公英、珊瑚　生物可自行攝取養分及繁殖後代。

Q2 ①　④

Q3 魚類、兩棲類、爬蟲類、鳥類

Q5 ③　血液也可以說是由體內的骨髓製造出來的。

Q4 ①

Q6 ②

冰塊黏在手指上的原因

化學

測量重量、體積的方式

重量是什麼？

物體的形狀即使發生變化，重量並不會改變。例如，當我們秤量黏土的重量時，無論是改變黏土的形狀，還是將黏土切成塊狀，黏土的重量也不會改變。

另外，肉眼看不見的物體也含有重量，其中最典型的代表就是空氣。空氣的重量每1公升約1.2公克。但是，因為空氣沒有形狀，所以無法直接測量。不過，如果將空氣裝入噴霧罐、氣球或球體等物體之中，我們就能知道空氣的重量。

◀ 物體的形狀與重量 ▶

兩塊大小與重量相同的黏土，即使改變形狀或是細分成許多小塊，兩邊的重量仍舊不會改變。

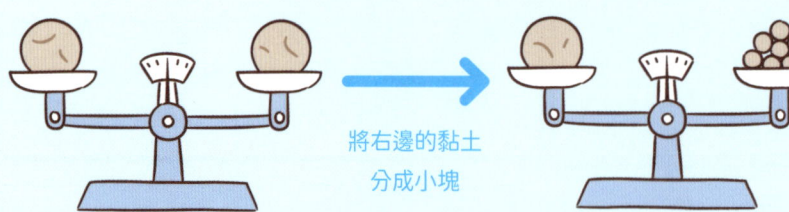

將右邊的黏土分成小塊

◀ 空氣的重量 ▶

未充飽氣的足球與充飽氣的足球，比較兩者的重量後，可以發現充飽氣的足球比較重。由此可知，空氣也含有重量。

未充飽氣的足球

充飽氣的足球

36

3 萬物都是由原子和分子構成的

體積是什麼？

將玻璃杯裝滿水，然後再投入一塊石頭，這時，我們會看到玻璃杯中的水溢出來。這是因為放入水中的石頭，將杯中的水推開，導致水溢出來了。

物體在某個場所佔據的空間大小，稱為體積。體積又稱為「容積」。以下圖為例，杯子中的石頭所占的體積取代了水的體積，使杯內的水溢出來。

我們可以藉由長×寬×高，算出立方體的體積，但是像石頭這種形狀複雜的物體，則可以透過量測放入水中後溢出的水量，簡單地算出它的體積。

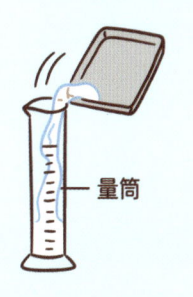

推開的水量越多，就會變得越輕

當你進入浴缸或泳池時，是否覺得身體有種輕飄飄的感覺？原因在於身體將浴缸內或泳池內的水推開後變輕了，這種現象稱為「浮力」。

船排出多少水的重量，就出現多大的浮力。

◀測量體積的方法▶

把一塊石頭放入裝滿水的杯子中，水就會溢出來。溢出的水與投入杯中的石頭，兩者的體積相同。

1 在裝滿水的杯子下放置一個托盤，然後把石頭放入杯中。

2 水溢出來。

3 將托盤上的水倒入量筒中測量。

化學

密度＝質（重）量÷體積

密度是區分物質的線索

即使擁有相同的體積，重量也會隨著物體的性質而有所不同。舉例來說，外觀體積相同的保麗龍和鐵，但是鐵的重量會比保麗龍更重。

比較同體積的物質重量時，會以每1立方公分（每邊長為1公分的立方體）體積所含的重量為基準。每1立方公分的物質重量則稱為「密度」（單位：公克／立方公分）。

密度依據物質而改變，因此密度可以說是區分物質的線索。

◀ 保麗龍與鐵的密度 ▶

保麗龍的內部有許多空隙，鐵則緊密的結合在一起，所以鐵的密度比保麗龍大。

保麗龍的密度　0.01 至 0.03 公克／立方公分

鐵的密度　約 7.9 公克／立方公分

◀ 身邊不同物質的密度 ▶

物質	密度
氫氣（氣體）	0.00008
氧氣（氣體）	0.00133
乙醇（液體）	0.8
冰（固體）	0.9
水（4℃、液體）	1
海水	1至1.1
木頭	0.3至0.8
玻璃	2.4至2.6
鐵	7.9
金	19.3

單位（公克／立方公分）

密度　小 ↔ 大

液態水（4℃）的密度約為 1 公克／立方公分，以此為基準區分出密度大和密度小的物質。

重量（公克）÷體積（立方公分）這個公式可以計算出密度，物質的重量會隨體積而變化，但密度則會保持不變，因此可以藉由密度來區分物質的種類。

38

3 萬物都是由原子和分子構成的

密度大的物體會下沉，密度小的物體會浮起

原木比彈珠大、比彈珠重，把它們一起放入水中時，我們來看看會發生什麼事？

結果是，比彈珠重的原木會往上浮，而重量比原木輕的彈珠反而會下沉，為什麼呢？因為物體能否浮在水面上的關鍵，在於物體的密度而不是重量。

當物體密度小於水的密度時，就會往上浮起；反之，物體密度大於水的密度時，就會下沉。觀察下面圖中，比較水的密度以及一般原木的密度、彈珠的密度大小。發現密度小於水的原木會漂浮在水面上，而密度大於水的彈珠會沉入水中。

◀ 密度與物質浮起、下沉的關係 ▶

無論物體的重量是多少，密度小於水的物體都會浮在水面上；反之，密度較大的物體就會下沉。我們用原木（木頭）與彈珠（玻璃）來比較，密度比水小的原木會浮在水面上，密度比水大的彈珠則沉入水面。

原木的密度（0.3 至 0.8 公克／立方公分）

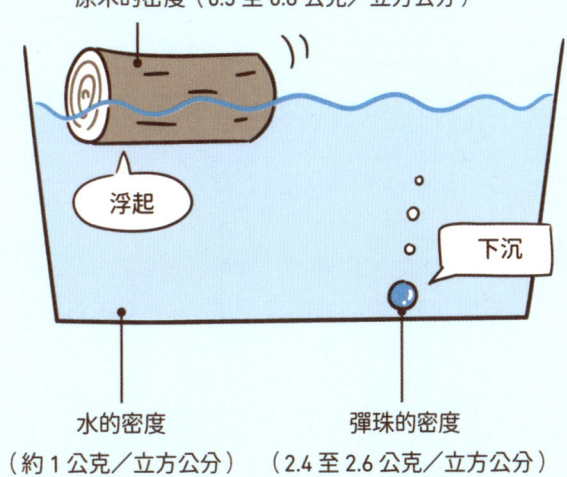

浮起

下沉

水的密度（約 1 公克／立方公分）　　彈珠的密度（2.4 至 2.6 公克／立方公分）

註：地球上絕大多數的「質量」都有「重量」，兩者通常呈正比關係，此處以「重量」統稱。

為什麼人可以浮在水面上呢？

人體的密度比水大，如果持續躺在水面上則會往下沉。但是，當我們大力吸氣時，吸入的空氣會積聚在肺部中，這時身體的密度就會變得比水還要小，讓我們能夠漂浮在水面上。

大口吸氣、仰躺、然後全身放鬆並且張開手腳，將使你更容易浮在水面上。

化學

構成物質的原子和分子

物質是如何形成的？

如果我們將水放大數百萬倍來看，到最後會看見許多小顆粒，這些小顆粒就是水分子。「分子」是保持物質特性的最小顆粒，如果水分子變得更小，水的特性就會消失不見。

水分子又由更小的微粒組合而成，分別是氫粒子與氧粒子，這些微粒子稱為「原子」。所有的物質都是由原子這種微小粒子組成的。

◀ 將水放大之後…… ▶

水是由水分子集結而成的，水分子則是由一個氧原子和兩個氫原子組合而成的。

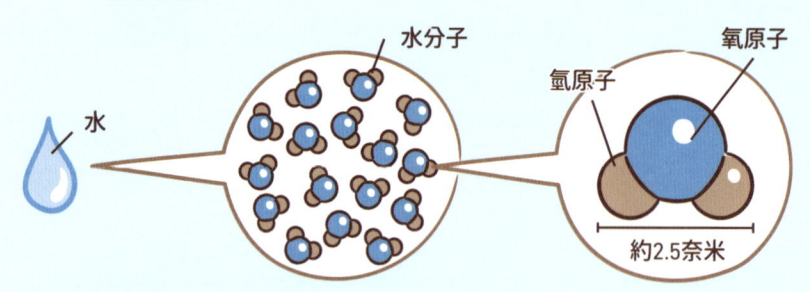

水　　水分子　　氫原子　　氧原子

約2.5奈米

◀ 各式各樣的分子 ▶

氫、氧、二氧化碳的分子，以氣體的形式存在於空氣之中。

氫分子
由兩個氫原子組成。

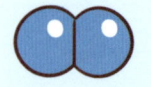

氧分子
由兩個氧原子組成。

二氧化碳分子
由一個碳原子和兩個氧原子組成。

> 世界上所有的物質，是由大約90種原子相互搭配組合而成的喔！

3 萬物都是由原子和分子構成的

冰塊結冰後為什麼會變硬？

許多含水的物質，經過加熱或冷卻後，會變成氣體、液體和固體（參照第50頁）等型態的物質。這些物質的外觀變化，是因為分子狀態的改變而產生的。

我們以水為例子。屬於氣體的水蒸氣，它的分子稀疏且相互不連結，並以零散的狀態自由地飄散在空氣中。

另一方面，液體的水，分子之間的結合雖然較為鬆散，但結合力仍比氣體分子來得好。相較之下，固體的冰塊，它的分子結合力則更加地牢固。

冰比水硬的原因並不是分子本身發生了變化，而是分子彼此結合之後產生改變。

◀ 固體、液體、氣體的差異 ▶

水的型態會隨著溫度變化而改變，原因在於水分子彼此結合的方法不同，而造成的變化。

水分子

0°C　　　　　　　　　　　　　　　　　　　　　　100°C

冰（固體）
因為比較硬，所以形狀較難改變。

水（液體）
形狀會隨著容器的形狀而改變。

水蒸氣（氣體）
往空氣中飄散、揮發。

想知道更多

物質和分子的形狀

一起找找看，觀察固體、液體、氣體的分子形狀吧！

Q 冰塊會什麼會浮在水面上呢？

一般來說，物質由液體變成固體時，體積會變小，密度會增加。因此，在液體放入相同物質的固體後，固體會往下沉。

不過，為什麼只有水在變成固體的冰時，會浮在水面上呢？原因在於，水與其他許多物質不同，**水變成固體後，體積會變大，密度會變小**（參照第38頁）。

水分子呈現角狀（參照第40頁）。變成固體的水分子緊密結合時，間隙空間比分散的液體水分子更大。多出來的間隙空間，使得固體的體積變大、密度變小，於是變得比水更輕，所以冰塊能夠漂浮在水面上。

◀ **冰塊會浮在水面上的原因** ▶

冰塊的分子結合力較強，分子間的間隙比液體的水還大。

我們將水倒入製冰盒中製作冰塊時，冰塊的表面是不是比結冰前還膨脹一些些呢？這是因為水結冰後，體積變大的緣故喔！

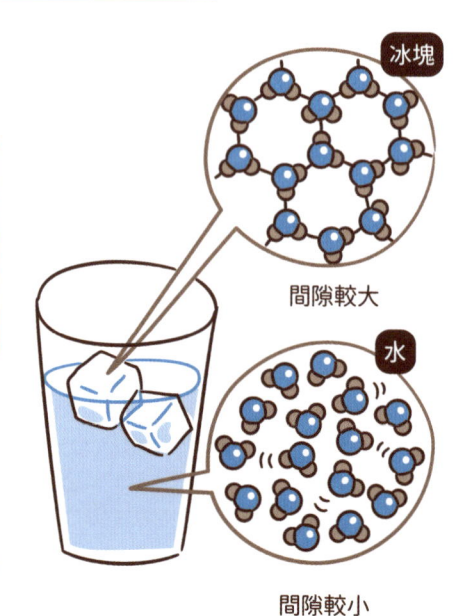

冰塊　間隙較大

水　間隙較小

42

3 萬物都是由原子和分子構成的

Q 為什麼洩了氣的氣球，加熱後會膨脹呢？

將一顆充飽氣的氣球放入冰水裡面，氣球會洩氣。接著，再將洩了氣的氣球放到熱水裡，氣球就會再次膨脹。

這是因為氣球內部空氣的體積遇冷時會縮小，遇熱時會變大。可是，為什麼會出現這種情況呢？

空氣中的分子會一直不停地保持運動的狀態。這些分子的動作會隨著溫度升高而變快，相對地也使得分子之間的距離變遠，形成空氣體積變大，密度卻下降的狀態。

利用這項特性的代表例子為熱氣球。熱氣球透過下方加熱的方法來增加球皮內部的空氣體積，膨脹後的空氣會從熱氣球的底部溢出，使球皮內部的密度減少，變得比外面的空氣輕，然後讓整個熱氣球飄上天空。

◀ 熱氣球的原理 ▶

當氣球內部變暖時，其內部的空氣會往下溢出，降低氣球內部的密度，使得氣球內部的空氣變得比周圍的空氣輕，並且往天空上飄。

熱空氣
冷空氣

◀ 氣體分子的運動隨溫度變化 ▶

溫度較低時，氣體分子的運動較慢；相反地，溫度升高時，分子的運動就會變得更快。

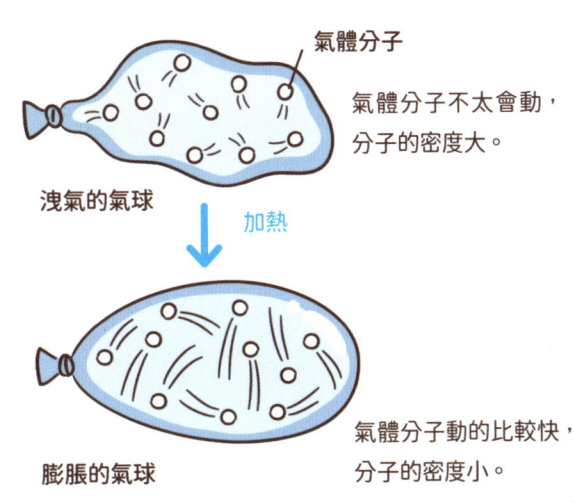

氣體分子

氣體分子不太會動，分子的密度大。

洩氣的氣球

↓ 加熱

膨脹的氣球

氣體分子動的比較快，分子的密度小。

化學

物體如何溶解？有多少溶解量？

物體溶解是什麼意思？

將砂糖放入水中攪拌後，可以看見水中的砂糖塊逐漸消失，變成透明。這時，砂糖的粉末會變成肉眼看不見的大小，漂浮在水中。

物質變成細小粉末，漂浮在液體中的狀態，稱為「溶解」。溶解物質之後的水叫做「水溶液」，它具有幾個特性，通常是透明的，整杯的濃度相同，而且每一毫升的濃度都一樣，不會突然上升或下降。

▶ **砂糖溶解狀態** ◀

將方糖放入水中攪拌後，砂糖的分子會變成鬆散狀，然後在水中擴散開來，變成相同的濃度且透明的糖水，這就是溶解狀態。

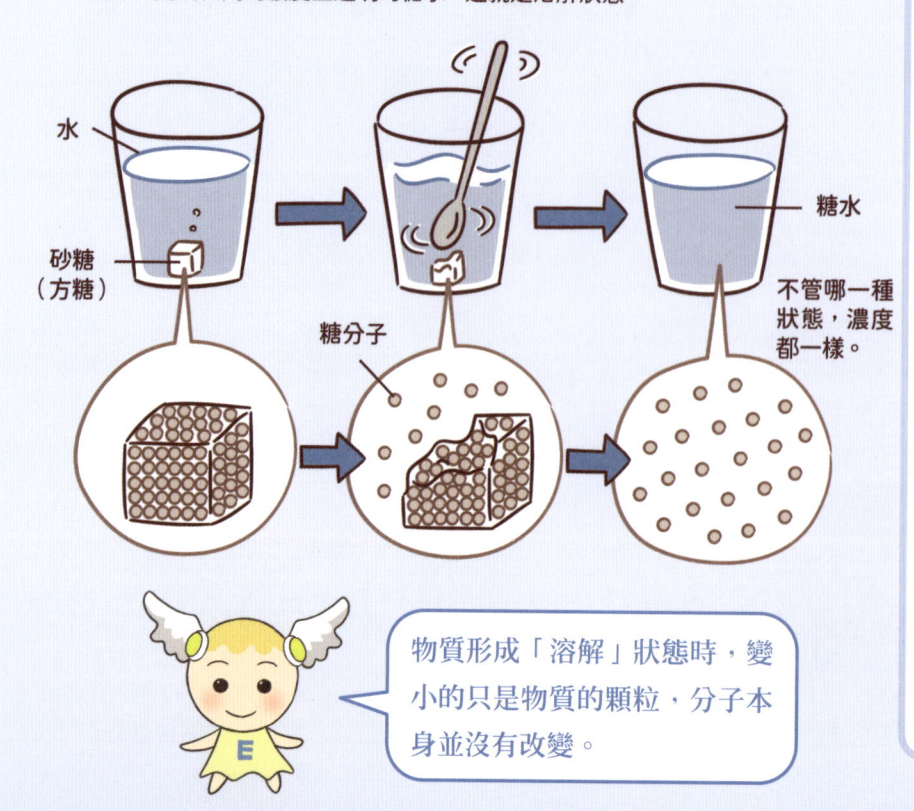

水
砂糖（方糖）
糖分子
糖水
不管哪一種狀態，濃度都一樣。

物質形成「溶解」狀態時，變小的只是物質的顆粒，分子本身並沒有改變。

4 物體會在水中溶解

溶解於水中的量是固定的

如果逐漸增加糖量於水中溶解的話，糖水就會變得更加濃稠且更甜。若持續將砂糖加入水中溶解，最後砂糖會變成難以溶解的狀態。

這是因為能夠溶解於水中的砂糖量是固定的。不僅是砂糖，其他像食鹽和明礬（硫酸鋁鉀）等許多物質，能夠溶解於水中的量都是固定的。

當物質到達無法溶解的狀態時，就稱為「飽和」，變成飽和狀態的水溶液則稱為「飽和溶液」。水溶液依據裡頭溶解的物質分為酸性、鹼性、中性等三個種類。（參照第46頁）。

◀ 每100公克水能溶解的量 ▶

物質能夠溶解於水中的量，因特性而異，大多數物質的特性是溫度越高，溶解越多。不過，也有些物質的特性是即使溫度升高，溶解量卻幾乎不會改變，例如食鹽。

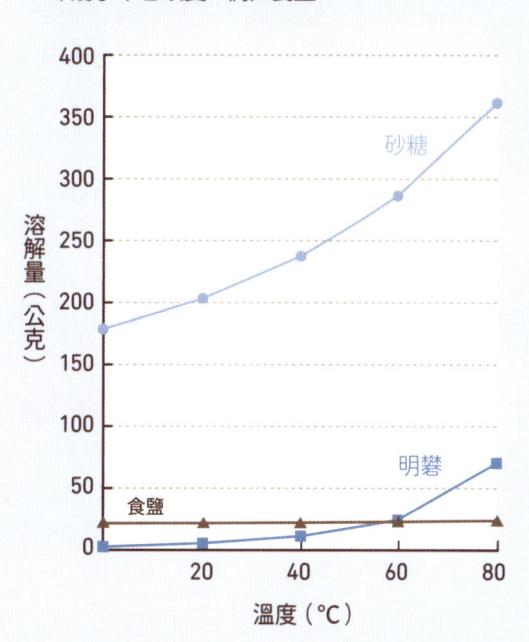

◀ 濃度的計算方法 ▶

用下列的計算公式，可以計算出水溶液的濃度（％）。

$$\frac{溶解物質的重量（公克）}{水溶液整體的重量（公克）} \times 100\% = 水溶液的濃度（\%）$$

把鹽的結晶取出來吧！

把40公克的鹽放入100毫升（100公克）的水中溶解（杯子的底部會留下一些鹽），然後取少量溶解後的食鹽水放入培養皿中，並將其放置在陽光下。接著，等待水分蒸發後（參照第51頁），就會出現微小的鹽結晶體。

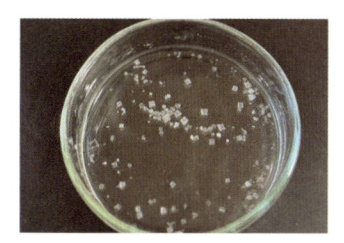

出現方形的鹽結晶體

化學

水溶液的特性

水溶液可分爲三種

我們所熟悉的水溶液有酸性、鹼性、中性等三個種類。

許多酸性水溶液都帶有酸味，例如：加了檸檬汁的檸檬水，以及醋等的水溶液都是屬於酸性。

大多數的鹼性水溶液則帶有苦味。像料理用的碳酸氫鈉（小蘇打）就是苦的，因爲它的溶液屬於鹼性水溶液。

不呈現酸性也不呈現鹼性的水溶液，則是中性的。例如：自來水、糖水。

◀ 呈現酸性・鹼性的水溶液 ▶

水溶液的酸鹼濃度，是以pH值來表示，不酸不鹼的中性水溶液pH值爲7。數字越高，代表鹼性越強；數字越小，則表示酸性越強。

酸性						中性								鹼性
pH	0	1	2	3	4	5	6	7	8	9	10	11	12	13	14

胃液　食用醋　碳酸飲料　　自來水　小蘇打水　　漂白劑
　　　　　　　　　　　　　　　（含碳酸氫鈉）

判斷水溶液性質的石蕊試紙

石蕊試紙是一種判定酸性、鹼性和中性的工具，有藍色和紅色的兩種類型。藍色的石蕊試紙遇到酸性水溶液時，會變成紅色；而紅色的石蕊試紙遇到鹼性的水溶液則會變成藍色的。兩種類型的石蕊試紙遇到中性水溶液時，皆不會變色。

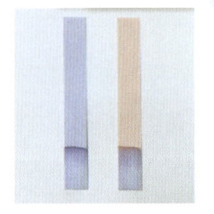

碰到鹼性水溶液後，顏色變成藍色的石蕊試紙。

4 物體會在水中溶解

酸性和鹼性水溶液的特徵

酸性水溶液具有可去除鐵和鋅等金屬物，以及溶解骨頭或蛋殼的特性。

口感酸酸的食用醋為pH值2至3、消化食物的胃液則擁有pH值1至2的強酸性。

鹼性水溶液具有溶解部分金屬物的特性，如鋁和鉛。

此外，強鹼性水溶液還能溶解蛋白質。當我們接觸到強鹼性的水溶液後，皮膚中的蛋白質就會被溶解，使得我們的手指觸感變的滑溜溜。

另一方面，中性水溶液的特性為不帶有酸鹼性。

◀ **酸性・中性・鹼性水溶液的特徵** ▶

酸性
- 帶有酸味。
- 可去除鐵、鋅等金屬物，與金屬物接觸時會產生氫氣。
- 可溶解石灰石、蛋殼等碳酸鈣。

用食用醋擦拭硬幣的表面時，可去除掉表面的鐵鏽，使硬幣變得閃閃發亮。

鹼性
- 帶有苦味。
- 可溶解鋁、蛋白質。
- 帶有滑溜的觸感。

加入鹼性入浴劑的熱水，摸起來會滑滑的。

中性

不具酸性也不具鹼性，無法溶解金屬物和蛋白質等物質。

強酸或強鹼的水溶液很危險，請不要用口舔或用手觸摸它們喔！

試試看，一起來改變紅茶的顏色

紅茶可以像石蕊試紙那樣，藉由顏色變化來判斷酸鹼性。在紅茶中加入檸檬水後，紅茶會變成酸性，顏色也會變淡；另一方面，加入小蘇打粉之後的紅茶，會呈鹼性，顏色則會變黑。

添加前　　　檸檬水 　　　小蘇打水

想知道更多

水溶液的奧祕

物質溶解的方式和水溶液之間的關係，還有許多你應該了解的奧祕。

Q 氣體也能溶於水嗎？

氣體也能溶於水。氣體溶於水中的量，取決於氣體的種類，溫度越低，能溶解在水中的氣體就會越多。

常見的例子是會發出嘶嘶聲和冒出泡沫的可樂、蘇打汽水等碳酸飲料。**碳酸飲料中的泡沫，其實是二氧化碳。**大量的二氧化碳在低溫高壓力下會溶解到飲料中，但是當你打開瓶蓋時，**二氧化碳就會釋出，然後發出嘶嘶嘶的聲音。**

二氧化碳也會溶解於海水和水之中。據說全球海洋中的二氧化碳含量，比空氣中的二氧化碳含量多出大約50倍。

◀ 迅速釋放出來的二氧化碳 ▶

碳酸飲料含大量的二氧化碳，受壓後會溶解在飲料中。當你打開瓶蓋時，溶於飲料中的二氧化碳會變為氣體，一鼓作氣地冒出來，發出嘶～嘶～的聲音。

嘶～嘶～
二氧化碳（氣體）
二氧化碳（液體）

◀ 氣體溶於水的難易差別 ▶

氣體在每1毫升水中的溶解量。比較不同的氣體，氨氣具有極易溶於水的特性。

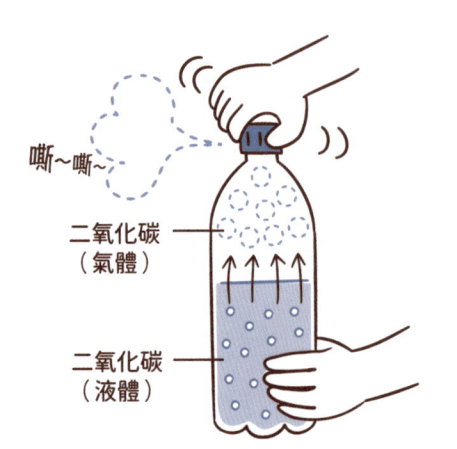

大 溶解量 小

氣體	量（立方公分）
氨氣	702
二氧化碳	0.88
氧氣	0.031
氫氣	0.018

（在一個大氣壓、20℃的環境下進行比較）

Q 洗滌劑有哪些種類呢？

洗滌劑有酸性、鹼性、中性等三種。這些洗滌劑的使用方法，根據洗滌物品的不同狀況而有所不同。

例如，洗衣服時會使用弱酸性的肥皂，或是接近中性和弱鹼性的合成洗滌劑。廚房用的洗滌劑，則採用中性或容易去除油污的鹼性洗滌劑。

去除廁所和浴缸的黑色黴斑與滑膩汙垢的含氯漂白劑，就是鹼性洗滌劑的代表之一。另外，去除水垢（包含碳酸鈣）則使用酸性洗滌劑，甚至會用強酸性的洗滌劑來清除尿垢。

另一方面，因為**中性洗滌劑不易損傷皮革或原料**，被廣泛地應用在餐具洗滌劑和時尚衣物的清洗維護。

◀ 洗滌劑的種類及適用的範圍 ▶

酸性洗滌劑
可以有效去除電熱水壺和流理台裡的水垢及皂垢，以及馬桶內側的尿垢。

鹼性洗滌劑
先將衣服浸泡在廚房用的鹼性洗潔精後再清洗，能有效去除衣服上的油汙，例如手漬。

中性洗滌劑
因為較為溫和，所以適合清洗較容易受酸性或鹼性洗滌劑破壞的衣物，也適合拿來清洗餐具。

> 酸性洗滌劑和鹼性的含氯漂白劑混合後，會釋放出對人體有害的氯氣，所以千萬不要將這兩者混合在一起！

4 物體會在水中溶解

生物　化學　物理　地球・宇宙

化學

改變物質形狀的物理變化

水的形狀會隨溫度改變

將冰塊放在室溫下，冰塊會融化並且變成液態的水。進一步將水煮沸後，水的量會開始減少，持續煮的話，水最後會消失不見，變成肉眼看不見的水蒸氣，飄散到空氣中。

物質的形狀隨溫度產生變化的現象，稱為「物理變化」。

發生物理變化時，分子本身不會改變，但分子之間的連結狀態會產生變化（參照第41頁），形成體積改變，但重量保持不變的現象。

◀ 水的物理變化 ▶

水隨著溫度變化，會變成固體（冰）、液體（水）、氣體（水蒸氣）等三種不同型態，水蒸氣（氣體）體積大約是水（液體）體積的1700倍。

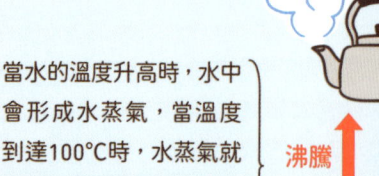

溫度 高 / 低

當水的溫度升高時，水中會形成水蒸氣，當溫度到達100°C時，水蒸氣就會開始冒泡，這個溫度稱為「沸點」。

沸騰 / 凝結

水蒸氣（氣體）

水蒸氣冷卻凝結後會變成水。

水（液體）

冰塊遇到熱氣時，會融化成水。當溫度為0°C時，冰塊會開始融化，即為冰塊的「熔點」。

融解 / 凝固

水冷卻凝固之後會變成冰。當溫度為0°C時，水就會開始結冰，這個溫度稱為「凝固點」。

冰（固體）

50

熔點和沸點的特徵

當冰的表面達到0℃（熔點），就會開始融化。熔點時，為水和冰的混合狀態，冰塊在融化變成水之前，熔點溫度會維持在0℃。另外，水在變成水蒸氣之前，沸點會維持在100℃。

熔點與沸點的特徵是會保持在同一個溫度。

不同的物質，各有不同的熔點與沸點。例如，能夠瞬間凍結物體的液態氮，沸點為-196℃，如果將液態氮放置於室溫環境，則會迅速沸騰，並且變成氣體（氮氣）。

熔點超過1500℃的鐵，在鋼鐵廠等地方高溫加熱後，會形成液體，可用於建築或汽車等的製作材料。

主要物質的熔點和沸點

各類物質的熔點和沸點各不相同。

物質	熔點（℃）	沸點（℃）	常溫下的狀態
鐵	1536	2863	固體
食鹽	801	1413	固體
水	0	100	液體
氮氣	-210	-196	氣體

什麼是蒸發？

水分子脫離水的表面變成水蒸氣的過程，稱為「蒸發」。即使在常溫的環境下，水也會一點一點的蒸發，當水沸騰時，水分子內部會蒸發並形成氣泡。

（上圖）水坑在不知不覺中消失的原因，是變成水蒸氣蒸發了。

水的熔點和沸點

水的熔點和沸點分別為熔點0℃和沸點100℃，並且保持恆定的溫度。此外，水變成冰的凝固點也是一樣的，從水開始凝結到完全凍結變成冰的狀態，溫度始終保持在0℃。

沸點 開始沸騰　100　水和水蒸氣　水蒸氣
熔點 開始融解　0　冰塊和水　水
溫度（℃）
加熱時間
冰塊

⑤ 物理變化和化學變化

化學

產生不同物質的化學變化

化學變化與物理變化有哪些不同呢？

物理變化（參照第50頁）是指物質的形狀隨溫度而改變。相反地，化學變化是指兩個物質相互接觸產生反應，使得物質中的分子與原子重組，變成另一種物質的意思。

例如，食物變臭即是化學變化的現象之一。原因在於食物所含的營養成分──蛋白質中的大分子轉化為含有各種小分子的其他物質。大家不妨多多觀察我們生活周遭的化學變化吧！

◀ 物理變化和化學變化 ▶

固體 ⇄ 液體

物質A ＋ 物質B → 物質C

物理變化
物質的型態改變。可從固體變為液體，也可從液體變為固體。

化學變化
物質變成另一種物質。A和B產生反應後，會變成C。

◀ 生活中的化學變化實例 ▶

如果將食物放置一段時間，微生物會分解食物的成分，產生帶有難聞氣味的物質。

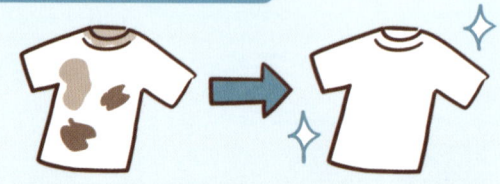

使用漂白劑時，污垢會經由化學變化而分解。

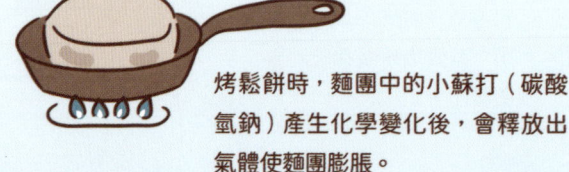

烤鬆餅時，麵團中的小蘇打（碳酸氫鈉）產生化學變化後，會釋放出氣體使麵團膨脹。

5 物理變化和化學變化

為什麼木炭燃燒後，不會殘留任何東西？

木炭的主要成分是碳，當碳燃燒時，會與空氣中的氧氣產生化學變化，形成二氧化碳（參照第40頁），然後釋放到空氣之中。因此，木炭燃燒後，幾乎不會殘留任何東西。

物質與氧氣結合產生的化學變化，稱為「氧化」。例如，鐵等金屬物的生鏽，就是氧化的例子之一。

另外，化學變化還能將已經氧化的物質恢復原狀。例如，當我們將氧化銅放入氫氣中，氫氣會奪取氧化銅中的氧氣，將其還原成銅和水。

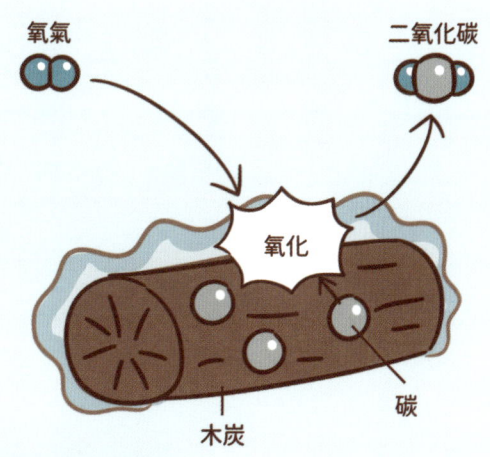

◀ 碳的氧化 ▶

碳與空氣中的氧氣結合後會產生氧化現象，然後形成二氧化碳，並且發出光和熱。

> 木炭是木材經由烘烤而成的。木材本身含有水分等其他物質，但是，燃燒木材時，其他物質會被釋放出來，只剩下碳喔！

氧氣 → 氧化 → 二氧化碳
木炭 — 碳

◀ 生活中的氧化實例 ▶

鐵 ＋ 氧氣（＋水）➡ 氧化鐵 ＋ 熱

氧氣 — 鐵 — 暖暖包 ➡ 熱 — 暖暖包 — 氧化鐵

一次性使用的暖暖包，裡面的鐵粉氧化後，暖暖包會變得溫暖。

生鏽（氧化鐵）

氧氣和鐵結合後，形成的氧化鐵，是造成鐵製平底鍋生鏽的原因。

想知道更多

物理變化的奧祕

一起來深入了解物理變化吧！

Q 為什麼冷水的水杯周圍會出現水滴呢？

你是否有過這樣的經驗呢？把倒入冰水或冷水的杯子放在房間內一段時間後，杯子的周圍就會出現水滴。

這種現象並不是杯子漏水了。事實上，附著在杯子外圍的水滴，真正的來源是空氣中所含的水蒸氣（參照第50頁）。空氣的溫度越高，所能容納的水蒸氣就越多；相反地，溫度越低，空氣中所能容納的水蒸氣就越少。

當你放了一個冰的杯子時，杯子周圍的空氣溫度就會下降。而杯子上附著的水滴，就是空氣中無法再容納的水蒸氣集結而成（凝結）後，所形成的液態水。（參照第50頁）

◀ 附著在杯子上的水滴真面目 ▶

水蒸氣是**一個一個水分子單獨飄散在空氣中**（參照第40頁），所以肉眼無法看見。但是，當大量的水分子聚集在一起時，就會變成肉眼可見的液態水或水滴了。

54

5 物理變化和化學變化

Q 煙火為什麼如此漂亮呢？

五彩繽紛的煙火，讓夏日的夜空充滿了各式各樣的色彩。而煙火球中的火藥，就是煙火擁有七彩光芒的祕密。

火藥中含有讓煙火發出閃耀色彩的金屬化合物、木炭粉等易燃物，以及在燃放過程會與氧氣接觸的氧化劑。金屬化合物有銅、鈉、鍶等，將這些金屬化合物放入火藥中，每種金屬都會產生不同的顏色，這種性質的反應則稱為「焰色反應」。

煙火會隨著各種焰色反應，出現紅色或黃色等各式各樣的顏色。

火藥中的氧化劑提供了大量的氧氣，成為讓煙火燃燒得更激烈的媒介物。加入氧化劑的煙火，在水中也能燃燒，甚至爆炸，因此氧化劑也被拿來做為發射火箭的燃料。

◀ 各式各樣的焰色反應 ▶

瓦斯槍火焰的顏色，隨金屬化合物的種類而變化，展現出各種不同的顏色。

銅　　鈉　　鍶

煙火的顏色是金屬化合物產生焰色反應的現象喔！

含有金屬化合物的火藥，會像右圖一樣，依序放入煙火球裡面。

煙火球的剖面圖

在天空中綻放的煙火，閃耀出紅色、綠色、黃色等各種美麗的色彩光芒。

練習❷

動動腦！

一起來了解化學吧！

你知道物質是如何組成的嗎？

Q1
空氣的重量，每公升有多少公克呢？

① 約1.2公克
② 約12公克
③ 約120公克

> 把空氣灌入氣球或球內，我們就能知道空氣的重量喔！

Q2
哪一個東西的密度比水的密度大呢？

① 木材（杉木）
② 玻璃
③ 冰塊

Q3
下列哪一個是正確的水分子組合？

① 2個氧原子＋1個氫原子
② 1個氧原子＋2個氫原子
③ 2個氧原子＋1個氫原子

Q4
40°C的熱水中，哪一種東西最容易溶解？

① 明礬（硫酸鋁鉀）
② 食鹽
③ 砂糖

> 水越熱，東西就越容易溶解喔！

56

Q7

哪一項不屬於化學變化？

① 水沸騰後變成水蒸氣

② 食物變質

③ 煎鬆餅時，麵團膨脹

Q5

下列哪一個不是鹼性水溶液的特徵？

① 摸起來有滑溜感

② 嚐起來帶有酸味

③ 可分解蛋白質

Q8

下列哪一項不屬於氧化？

① 鐵製平底鍋生鏽

② 用醋可去除硬幣上的鏽汙

③ 一次性使用的暖暖包裡面的鐵粉會變熱

Q6

水冷卻後變成冰塊的狀態，稱為什麼？

① 凝結

② 凝固

③ 溶解

解答

Q1 ①　1公升的空氣重量大約是1.2公克。

Q2 ②　密度比水更小的物體，會漂浮在水中，而密度大的則會往下沉。

Q3 ②　　**Q4** ③　　**Q5** ②　鹼性水溶液嚐起來帶有苦味。

Q6 ②　　**Q7** ①　水變成水蒸氣屬於物理變化，不是化學變化。

Q8 ②　生鏽就是氧化，但除鏽並不是氧化。

聲音的傳導方法
咚 咚
恰 恰 恰
嗡 嗡 嗡
咚
喀拉 喀拉
喀拉 喀拉
好吵啊！
哇！嚇我一跳！對不起！
碰
這禮拜不是考試週嗎？你的複習呢？
這個嘛？嗯！我就是在複習「物理」……
只是聽音樂而已，還說在複習物理。
我可是在複習「聲音」喔！嗯，就是聲音！
聲音太大了，整個房子都在搖晃了啦！
說什麼房子都在搖晃，太誇張了吧！
無視
地板跟牆壁眞的都在搖晃耶！

6 觀看物體和聆聽聲音的原理

生物 | 化學 | 物理 | 地球・宇宙

聲音傳導是透過物體振動。播放音樂時，聲音的振動會帶動空氣分子產生振動，像波浪一樣傳導出去。

空氣會振動嗎？

是的。我們的眼睛看不見空氣的振動，但是⋯⋯

振動會透過空氣，反射到地板、牆壁和天花板上，然後傳導到小遙的房間內。

對呀！就是這樣，我正在體驗空氣的振動！

好了，請你們回去吧！明天有考試，我要開始念書了！

請你安靜一點喔！

快走快走

59

物理

光的特性

光會直射

我們能夠看見周圍事物的原因，在於物體本身會發出光源，或是經由光源反射進入我們的眼睛（參照第64頁）。

沿著直線前進是光的特性之一，稱為「光的直射」。

舉例來說，你是否會看過陽光直射雲層呢？這個現象就是光的直射現象。除非是碰到物體，否則「光不會改變方向」。

◀ **光的直射** ▶

將光射向牆壁時，會呈直線狀照射在牆壁上。

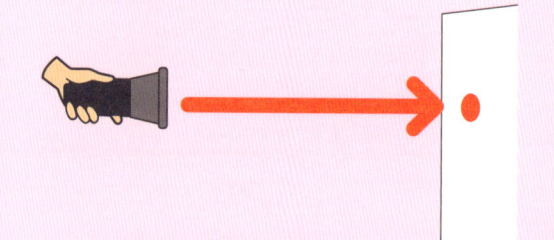

直視陽光會傷害你的眼睛，所以絕對不可以直視陽光喔！

從雲層中照射而出的陽光。

光的反射與折射

當你拿手電筒照射鏡子時，光會在鏡子的表面產生反射作用，照射到別的地方。

光照射到物體後會反彈的特性，稱為「光的反射」。我們看到閃耀在水面上的陽光，就是一種反射現象。

光也能夠照射到水中。當光從空氣中進入水裡，或離開水面照射到空氣中時，接觸到水面的光會出現彎曲現象，稱為「光的折射」。

例如，放入水杯中的吸管看起來呈彎曲狀、游泳池的水看起來比實際的淺，都是光的折射形成的現象。

◀ 光的反射 ▶

直射的光源照射到鏡子後會反彈。反彈回來的光，一樣會呈直線狀。

經陽光反射後，光芒閃耀的水面。

◀ 光的折射 ▶

在裝滿水的碗中放入鐵球。鐵球會沉入碗底，但由上往下看時，鐵球看起來的所在位置，會比實際的位置更淺。

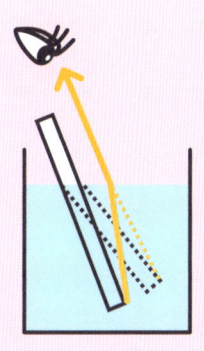

將吸管放入水杯中。由上往下看時，直直放入的吸管看起來會呈現彎曲狀。

6 觀看物體和聆聽聲音的原理

生物　化學　物理　地球・宇宙

物理

聲音的特性

聲音來自於空氣的共鳴

當我們發出聲音時，我們的喉嚨會振動。這股振動會使空氣分子產生振動，並且傳到我們耳朵內的「鼓膜」，然後產生共鳴。當我們的大腦接受到這個信號後，我們就會感覺到聲音。

換言之，**聲音的原理是透過空氣振動產生**。不只是人類的聲音，敲打物品發出的聲音或機械發出的聲音都是相同的原理。

在沒有空氣的宇宙中，聲音並不會傳導。因此，宇宙非常的安靜，聽不到任何聲音。

◀ 聲音傳導的原理 ▶

① 發出聲音時，喉嚨（聲帶）會振動。

② 振動會傳導到空氣中。

③ 空氣分子的振動會傳導到耳內的鼓膜。

④ 當振動的信號傳到大腦後，我們會感覺到「聲音」。

試著感受聲音的振動吧！

用力敲打鼓面，然後將手放在鼓皮上，你會感覺到振動。接著，在鼓皮上面放碎紙，再敲打看看。你會發現上面的碎紙全部跳起來了，這就是聲音所產生的細微振動。

62

6 觀看物體和聆聽聲音的原理

各種傳導聲音的媒介

傳導聲音的媒介除了空氣之外，其他如水之類的液體或木材、金屬類的堅硬物體也能傳導聲音。

舉例來說，物體在水中發出的聲音經由水傳導出來，所以待在水中的人能夠聽到聲音。

或是試著將耳朵靠在鐵棒上，稍微站遠一點，然後請朋友輕敲鐵棒。接著，你就能聽到由鐵棒中傳導出來的聲音。

聲音傳導的速度隨物質種類而變化，而鐵的傳導速度比空氣快了十幾倍。

◀ 傳導聲音的媒介 ▶

水

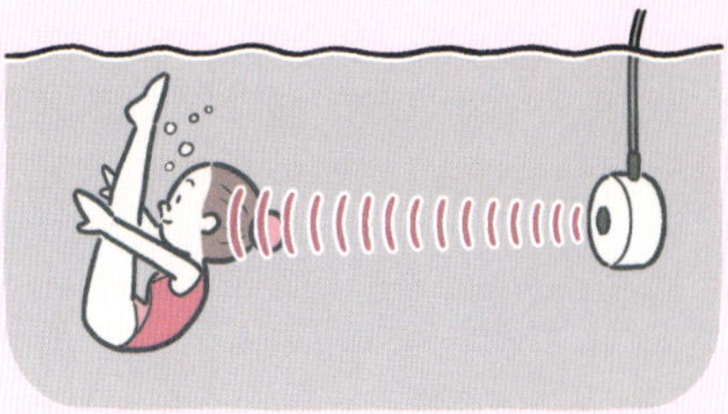

我們能聽到水中傳導出來的聲音。

鐵

我們能聽到透過鐵棒傳導出來的敲打聲。

◀ 聲音傳導的速度 ▶

聲音的速度會隨著傳導媒介物的材質和密度（參照第38頁）而出現變化。水中的傳導速度比空氣快約4.5倍。

物質	聲音的速度（公尺／秒）
空氣	341
氦氣	970
水	1500
酒精	1207
水銀	1450

物質	聲音的速度（公尺／秒）
冰	3230
鐵	5950
玻璃	4000至5500
大理石	6100
聚乙烯	1950

水上藝術活動（水上芭蕾）！接下來，用游泳池內的水中音響播放音樂來進行表演吧！

想知道更多

光和聲音的奧祕

一起來調查「光」和「聲音」的特性吧！

Q 為什麼我們能夠看見物品？

太陽或電燈等自體發光的物體，稱為光源。當光源直接照射到我們的眼睛時，我們就能感覺到光。那麼，為什麼我們也能看見不會自體發光的物體呢？

當人們進入光線昏暗的房間時，等眼睛適應後，隱約就能看清房間內的狀態。但是當我們處在沒有光、關了燈的黑暗房間時，就很難看清楚房間內的狀態了。

光發出的光源照射到物體的表面後，會往各個方向反射，當反射的光源進入我們的眼睛，我們就能看見物體。因此，我們所看到的物體，是光源照射到該物體後反射出來的光。

◀ 看見光和物體的方法 ▶

明亮的房間

光源照射到物體反射出來的光，會投射到眼睛內，使我們能夠看到東西。

昏暗無光的房間

因為沒有光源，所以我們無法看到房間內的東西。

64

6 觀看物體和聆聽聲音的原理

Q 為什麼我們能夠聽到打雷聲？

打雷時，我們會先看到閃光，幾秒鐘之後才聽到雷聲。光和聲音應該是同時發出的，為什麼我們會先看到閃光，再聽到聲音呢？

聲音在空氣中每一秒鐘的傳導速度為三百四十公尺（參照第63頁）。另一方面，光的傳導速度則為每一秒鐘三十萬公里，相當於繞地球七圈半的距離。換言之，「光」的傳導速度比「聲音」快一百萬倍。

當遠處出現打雷時，光傳導到我們眼睛的速度比聲音快，所以會比較晚才聽到聲音。

我們可以從光和聲音的差距來判斷雷聲和閃電的距離。舉例來說，聲音和光相隔三秒時，雷擊與我們的距離大約為一公里。當兩者之間相差六秒時，則距離兩公里遠；相差九秒時，則距離約三公里遠，以此類推。

閃電與聲音的傳導方式

閃電發出光芒時，我們似乎同時會聽到聲音，但其實閃電會比聲音更早出現。聲音傳導的距離是1秒鐘傳導340公尺，因此當聲音傳到我們耳朵裡時，花費的時間會比光還要長。

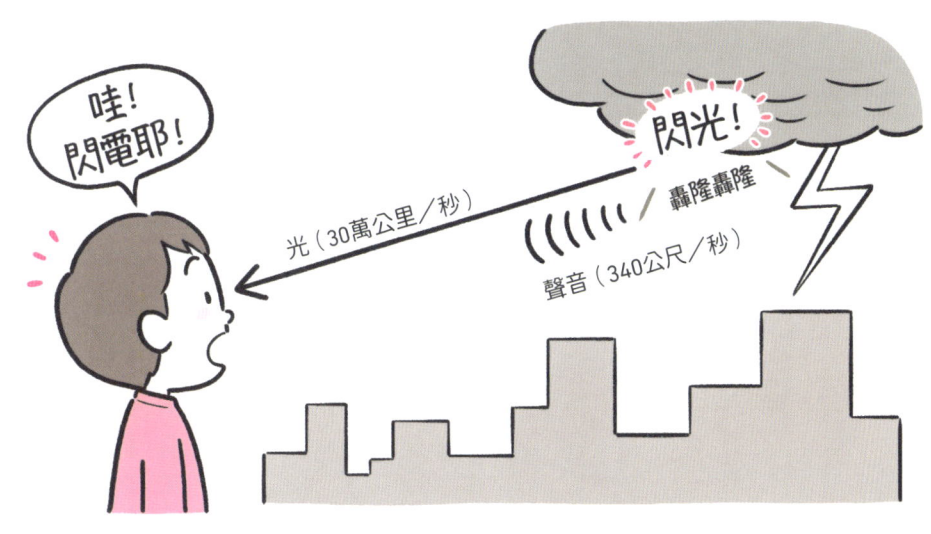

哇！閃電耶！

閃光！

轟隆轟隆

光（30萬公里／秒）

聲音（340公尺／秒）

生物　化學　物理　地球・宇宙

拉力關係

瓦特,看起來很喜歡散步喔!

哇 散步 真開心

瓦特長大了,拉力也跟著變強了呢!

瓦特,不要跑太快啦!

咦?怎麼了?

停住 回頭

瓦特拉著我……可是我也拉著牠,不讓牠用跑的啊!

我跟瓦特相互拉扯,但瓦特卻往前進,真的很不可思議耶!

快跑

小遙,你注意到重點囉!這個跟力量的平衡有關喔!

66

你看！現在因爲你們彼此用同樣的力量相互拉扯，力量達到平衡後，就停下來了。
也就是說，如果相互之間的力量完全相同，拉力就會平衡囉！
沒錯！如果一邊的力量比較強，力量較弱的另一邊就會被拉著走。
好，瓦特，你明白了嗎？
要用一樣的力氣喔！
汪！
啊——
哈哈哈……
哇！
汪
汪
汪
瓦特，眞的很開心耶！

物理

「擺」的構造和特性

擺，是什麼？

「擺」是一種在繩子的末端繫上錘球，然後規律地來回擺動的實驗裝置。

我們生活中較為常見的代表為鞦韆。鞦韆無論大小，來回盪一次所需的時間都是一樣的。

由此可知，擺跟鞦韆一樣，來回擺動一次的時間（週期）與擺動角度沒有關係。

利用這個特性，我們通常會將擺運用在節拍器、擺鐘等工具，用來量測時間。

◀ 擺的構造 ▶

將繩子拉直後，直直的向前推出去，「擺」會出現來回左右擺動的動作。將繩子固定的地方視為支點，左右擺動的大小則稱為「擺幅」。

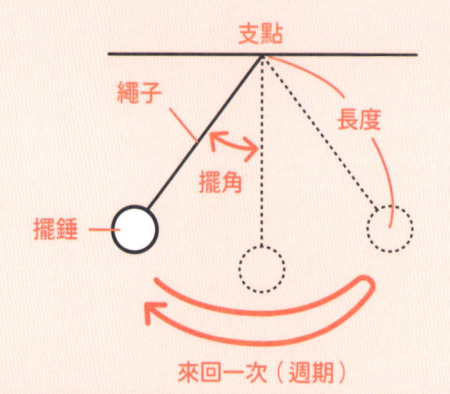

支點
繩子
長度
擺角
擺錘
來回一次（週期）

◀ 生活中常見的擺 ▶

鞦韆是生活中運用擺原理的代表之一。當你輕輕的晃動鞦韆時，「擺角」會比較小、速度也比較慢；大力晃動時，「擺角」會變大，速度也會變快。換句話說，來回一次擺動所需的時間是一樣的。

擺角變小、速度慢
擺角變大、速度快

68

長度會改變擺動的速度

當我們加大擺錘的重量時，擺的擺動週期會出現什麼樣的變化呢？

答案是，即使改變擺錘的重量，擺動的週期也不會改變。

那麼，改變擺繩的長度時，擺動的週期會出現什麼樣的變化呢？擺動的週期，會隨著擺繩的長度而變化，擺繩的長度越長，週期就越長；相反的，長度越短，週期就會變短。例如，將擺繩的長度延長四倍，週期會變成兩倍。

時間精準的擺鐘和節拍器，就是透過調整擺錘（塊）的位置來改變擺長（桿），用這個方式調整時間。

◀ 使用擺動原理的器具 ▶

擺鐘

擺鐘的下方有一個掛著擺錘的樞軸。轉動擺錘下方的螺絲，就可以改變擺的位置，然後調整時針前進的速度。

螺絲

節拍器

運用方向朝上的「擺桿」來調整曲調速度（節奏）的工具。將「擺塊」往下調整時，擺桿就會變短並提高節奏的速度；如果將擺塊往上，節奏就會變慢。

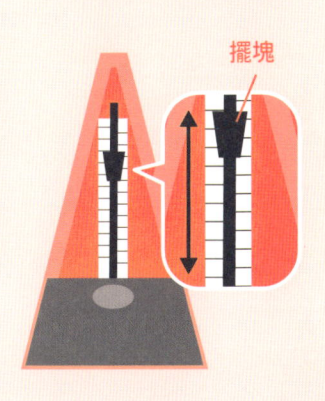

擺塊

◀ 擺的長度與週期 ▶

一公尺長的擺，來回擺動一次約一秒。另外，四公尺長的擺，來回擺動一次約兩秒。

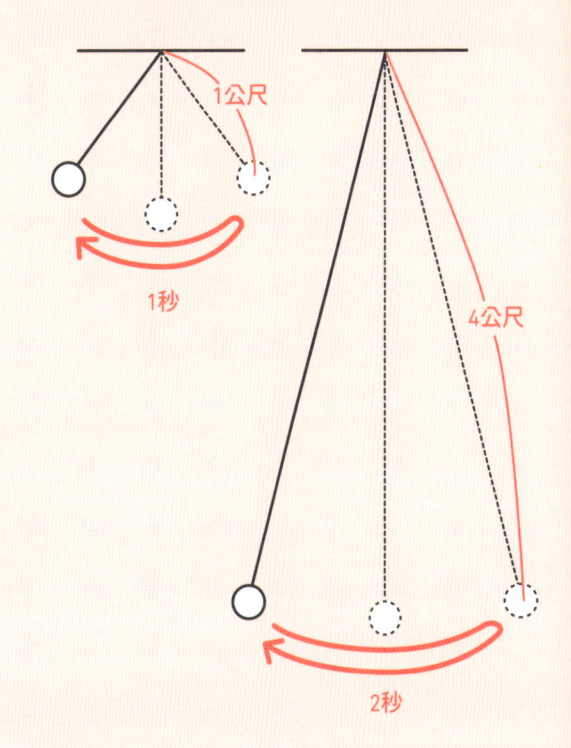

1公尺
1秒
4公尺
2秒

7 力量和工具

生物　化學　物理　地球・宇宙

69

物理

槓桿的構造

用微小的力量發揮出最大力量的「槓桿」

「槓桿」是一種透過向單點支撐的物體施加壓力，讓我們能夠舉起或移動物體的工具，例如：翹翹板。

槓桿的位置分為支撐整個桿子的支點、施加壓力的施力點，以及物體移動位置的抗力點。

槓桿透過改變支點與施力點或支點與抗力點之間的距離，來調整舉起重物的難易度。因此，如果善用槓桿，移動重物時就能比較省力。

◀ 槓桿原理 ▶

槓桿是將桿子置放在一個支撐點上，然後在這根桿子的某一處施加壓力，使桿子能夠舉起或移動物體。

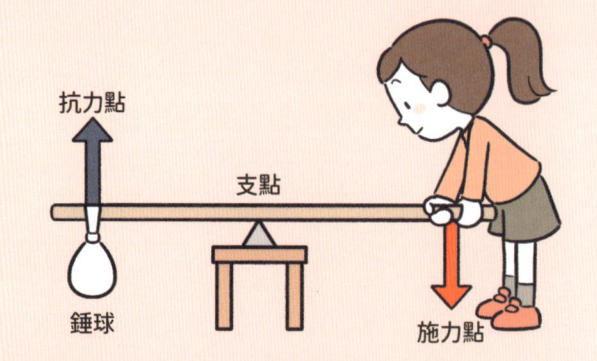

（圖：抗力點、支點、施力點、錘球）

◀ 施力點、抗力點的位置與力量的大小 ▶

如果支點到抗力點和施力點的距離發生變化，在施力點上施加的壓力也會產生變化。

抗力點靠近支點時，舉起物體較省力。

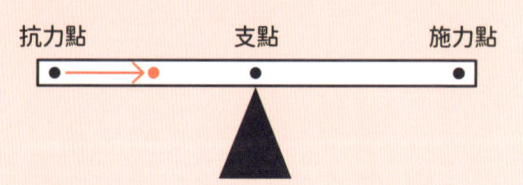

施力點移離支點時，舉起物體較省力。

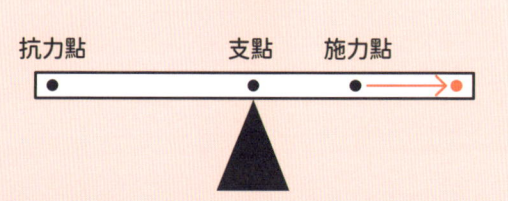

70

7 力量和工具

傾斜力相等且平衡的「槓桿」

我們用「力量的強度（物體的重量）×支點的距離（物體的位置）」來表示槓桿的傾斜作用。因此，當槓桿的左右兩邊為等值距離時，即意味著兩邊的傾斜力是相等的，這時槓桿會呈現平衡狀態。

如下圖所示，我們用能夠辨識施力位置和大小的實驗槓桿來思考槓桿的平衡原理。

比較兩邊，當槓桿呈現平衡狀態時，左臂傾斜的力量是「10×6＝60」、右臂傾斜的力量是「20×3＝60」。左右兩臂以相同的傾斜力量來維持槓桿的平衡。

▶ 槓桿與平衡

平衡時
左右兩臂的傾斜力量一致時，槓桿會呈現平衡狀態。

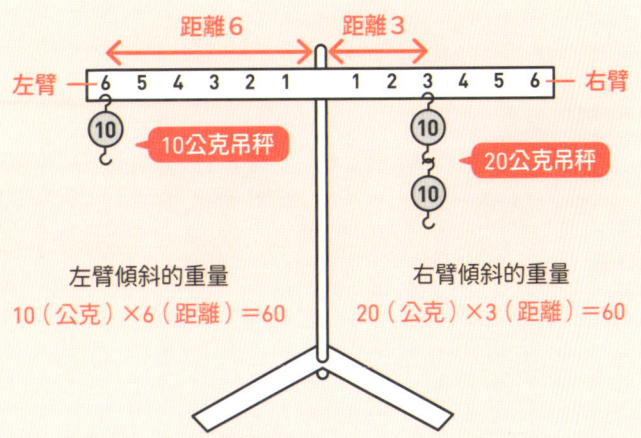

左臂傾斜的重量
10（公克）×6（距離）＝60

右臂傾斜的重量
20（公克）×3（距離）＝60

傾斜時 左右兩臂的傾斜力量不一致時，槓桿呈現傾斜狀態。

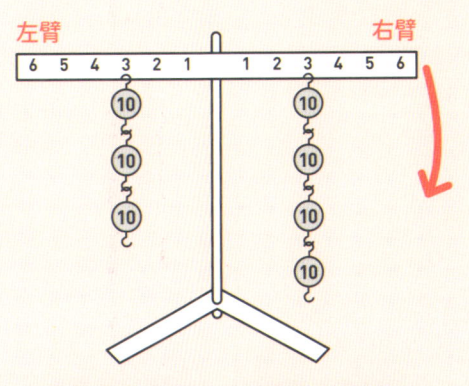

左臂傾斜的重量
30（公克）×3（距離）＝90

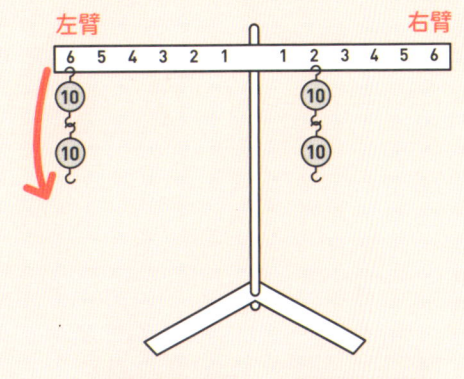

右臂傾斜的重量
40（公克）×3（距離）＝120

左臂傾斜的重量
20（公克）×6（距離）＝120

右臂傾斜的重量
20（公克）×2（距離）＝40

物理

運用槓桿原理的工具

在我們日常生活的周遭環境，有各種運用槓桿原理製作而成的工具。

這些工具搭配用途和使用方式，支點、抗力點、施力點的位置各有所不同。大致可分為以下三種類型。

① 支點位於抗力點與施力點之間（如：老虎鉗、剪刀）。

② 抗力點位於支點與施力點之間（如：開瓶器、壓罐器）。

③ 施力點位於支點與抗力點之間（如：紗線剪、鑷子）。

槓桿分為3種

◀ 運用槓桿原理的工具 ▶

每種運用槓桿原理製作出來的工具都有不同的特殊功能。

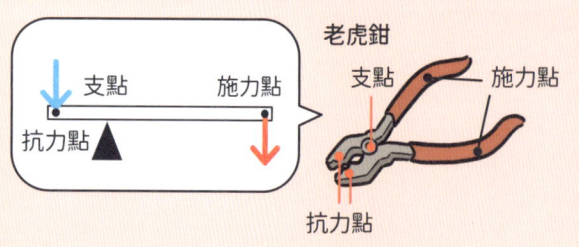

老虎鉗
支點、施力點、抗力點

① 支點位於抗力點與施力點之間的槓桿

在施力點的位置施力後，位於支點另一側的抗力點就會產生較大的力量。

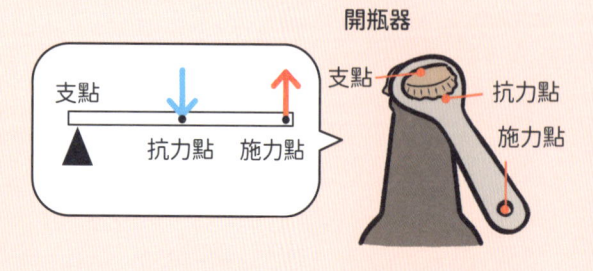

開瓶器
支點、抗力點、施力點

② 抗力點位於支點與施力點之間的槓桿

在施力點的位置施力後，位於支點與施力點中間的抗力點就會產生較大的力量。

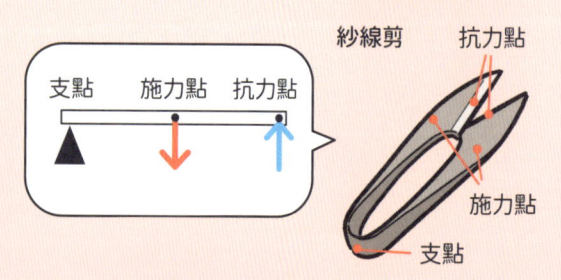

紗線剪
抗力點、施力點、支點

③ 施力點位於支點與抗力點之間

在施力點的位置施力後，位於施力點左右兩邊的支點與抗力點就會產生較大的力量。

7 力量和工具

生物　化學　物理　地球・宇宙

產生巨大動力的輪軸

由一個大輪和一個小軸組合而成的輪軸，是利用槓桿原理的工具之一。

輪軸工具的代表是鎖螺絲使用的螺絲起子。當我們轉動螺絲起子握柄上的大環時，就能用力轉動中間的小環，然後輕鬆的鬆開或鎖緊螺絲。

換言之，螺絲起子是一種能用微小的力量產生巨大動力的旋轉桿。

其他還有各式各樣的輪軸工具。例如，旋轉開關就有水流出的水龍頭、改變輪胎方向的汽車方向盤等，都是用微小的力量帶動堅硬物體轉動的輪軸工具。

▶ 輪軸原理 ◀

相較於軸的大小，輪子越大，所產生的力量就越大。例如，輪半徑若為軸半徑的三倍大，那麼軸的旋轉力就會變為三倍。

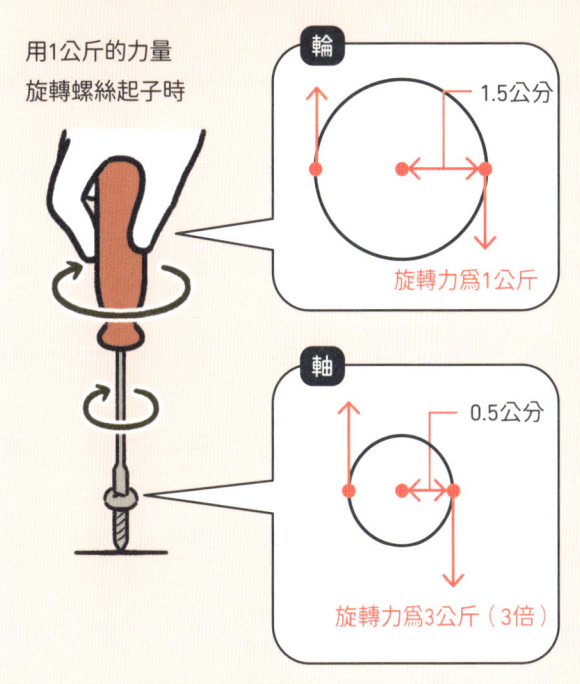

用1公斤的力量旋轉螺絲起子時

輪　1.5公分　旋轉力為1公斤

軸　0.5公分　旋轉力為3公斤（3倍）

比比看，哪一邊的扭力比較大？

試試看，跟朋友用雙手各自握住球棒的粗、細端，然後兩人各自往不同的方向旋轉後，哪一邊比較佔優勢呢？

答案是握住球棒較粗那端的人。原因是，用剖面看棒球棍時，以圓心為支點，旋轉粗的那一端，因半徑較大（施力臂長）較省力。細的一端則相反，半徑較小（施力臂短）較費力。

握住較粗的那一端　　握住較細的那一端

物理

滑輪是如何運作的？

用微小的力量移動重物

將繩子掛在轉動的圓盤上，並將行李等重物往上拉起的工具稱為滑輪。滑輪分為安裝在天花板上的定滑輪和可以自行移動的動滑輪。

使用定滑輪時，可以改變拉繩的方向。而使用動滑輪時，只要花一半的力量就能將物體往上拉。因此，有些電梯等機械設備構造中也會使用動滑輪。

註：下圖滑輪重量與繩子的摩擦力忽略不計。

◀ 定滑輪與動滑輪 ▶

定滑輪

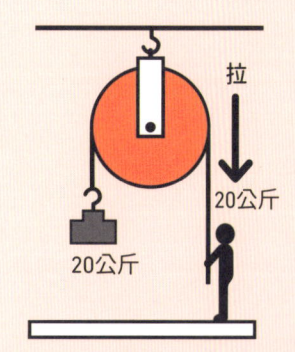

拉　20公斤
20公斤

- 可以改變力量的方向。
- 用單一力量將物體往上拉，所以拉動繩子的力量等於物體的重量。
- 拉動繩子的距離不變。

運用範例
將重心往下，就能拉起。
水井

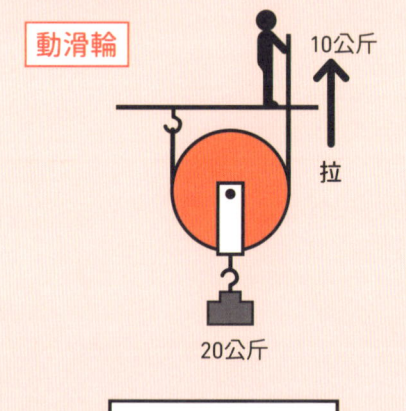

動滑輪

10公斤　拉
20公斤

- 無法改變力量的方向。
- 使用兩個方向的力量（天花板和人力）將物體往上拉，所以拉動繩子所需的力量為物體重量的一半。
- 拉動繩子的距離變成兩倍。

運用範例（參照75頁）
電梯、起重機等。

74

7 力量和工具

將動滑輪組合起來後，會變成什麼樣子呢？

動滑輪只需用物體重量一半（二分之一）的力量就能將物體拉起。那麼，將幾個定滑輪組合起來後，所需的力量會發生什麼變化呢？

當我們使用兩個動滑輪時，所需的力量會變為四分之一。再進一步，使用三個動滑輪時，則只需要六分之一的力量。

動滑輪使用的數量越多，拉動物體時就越省力。

使用數個定滑輪和動滑輪組成的裝置稱為「滑輪組」，專門拉起超重物體的起重機，它的前端就是這種裝置。

◀ 起重機的動滑輪 ▶

起重機前端使用的是由定滑輪與動滑輪組合而成的構造。下圖中使用了3個動滑輪，因此，所需力量為六分之一，但是繩索的長度則為正常使用時的6倍。

◀ 使用兩個動滑輪時 ▶

動滑輪和定滑輪組合而成的滑輪組。使用兩個動滑輪時，拉起100公斤重的物體，只需要四分之一（25公斤）的力量。

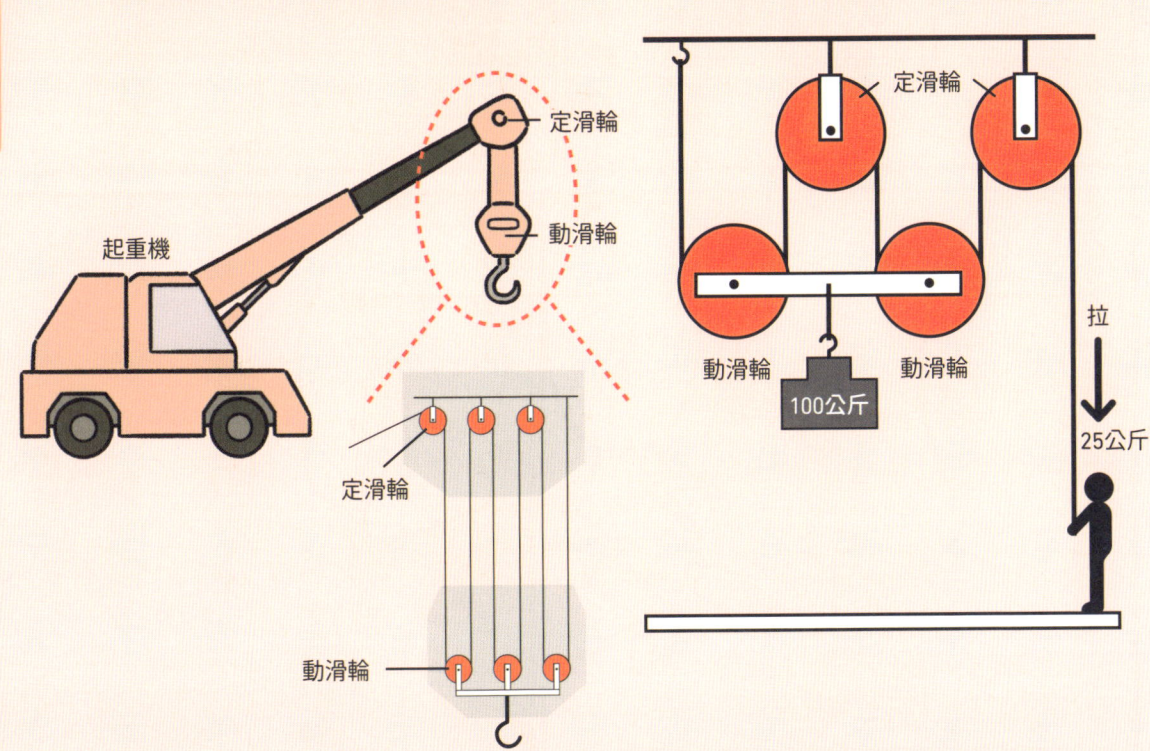

75

瞬間觸電的靜電

早安！

啊！早安！

昨天的節目你有看嗎？

喀拉

好痛啊！

怎麼了？

我剛才開門的時候被電到了！

是靜電喔！

感覺麻麻的，就像身體裡面有電流一樣。

76

8 磁鐵和電的世界

生物 化學 物理 地球・宇宙

欸，電流！這樣不是很危險嗎？

你怎麼了啦？

啊～啊啊～哇～

我的身體會通電？我沒事吧？我還活著，對吧？

哇啊啊啊啊！

刺痛 麻 麻

放心，沒事啦！

冷靜一點！

氣候乾燥的冬天，比較容易發生靜電喔！

77

物理

磁鐵的特性

磁鐵的特性

書本、橡皮擦、剪刀、迴紋針、錢幣等，我們生活周遭的物品，有哪些能夠吸附在磁鐵上？

答案是，非金屬製的書本和橡皮擦，不會吸在磁鐵上；剪刀和迴紋針等鐵製的物品，可以吸在磁鐵上。另外，我們使用的錢幣多是由銅加上鎳、以及其他金屬合金製成，不會被磁鐵吸引。

由此可知，**磁鐵具有吸附鐵的特性**。而且，磁鐵還可以吸住鎳或鈷等的金屬物品，以及鐵砂（氧化鐵）。

◀ 磁鐵可吸住的東西 ▶

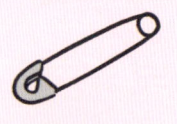

安全別針 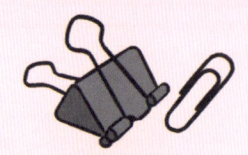　　　夾子、迴紋針 　　　鋼架

◀ 磁鐵吸不住的東西 ▶

非金屬製物品

鉛筆 　　　筆記本 　　　衣服

金屬

不鏽鋼的材料是鎳，鈷則被拿來做為油漆的顏料喔！

鋁箔紙　　　銅線

8 磁鐵和電的世界

磁鐵有S極和N極

磁力較強的部分稱為「磁極」，磁極分為S極和N極。依據「同極相斥，異極相吸」的特性，讓磁鐵產生相吸或相斥的力量，稱為「磁力」。

磁力在水中也能發揮作用。將迴紋針放入裝了水的水杯中，接著再放入磁鐵，迴紋針就會吸在磁鐵上。

在磁鐵之間放上鋁或銅等金屬，或是在磁鐵之間放上木材、紙張等不具磁性的材料也會產生磁力。

請你將10圓硬幣或鋁箔紙放在磁鐵和鐵的中間試試看。

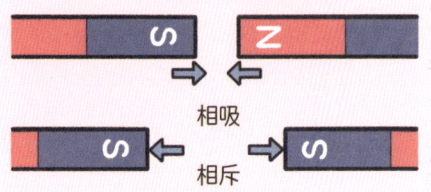

◀ 在水中也會產生磁力 ▶

將迴紋針放入裝了水的水杯中，然後再放入磁鐵，迴紋針會吸附磁鐵。

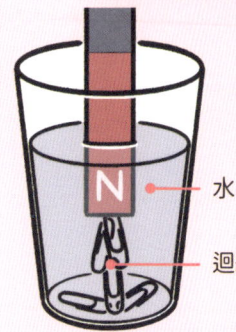

◀ S極和N極 ▶

同極相斥、異極相吸。

相吸

相斥

◀ 磁力會穿透不被磁鐵吸附的金屬物 ▶

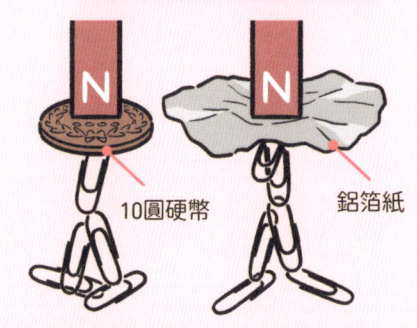

10圓硬幣　鋁箔紙

將鋁箔紙或10圓硬幣放在迴紋針與磁鐵的中間，當磁鐵靠近迴紋針時，迴紋針會吸附磁鐵。

在磁鐵的周圍撒上鐵砂後……？

將磁鐵放在厚紙板上，然後在上面撒上鐵砂，這時鐵砂就會變成磁鐵，並且往S極和N極的方向連結，形成一條條的條紋圖案（磁力線）。

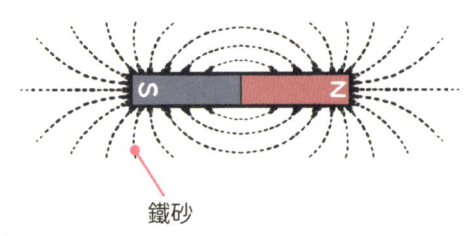

鐵砂

生物　化學　物理　地球・宇宙

79

想知道更多

磁鐵的奧祕

磁鐵中隱藏著許多我們不知道的神祕特性。

Q 吸附在磁鐵上的物品會變成磁鐵嗎？

湯匙和迴紋針，兩者都不是磁鐵，所以當我們將迴紋針靠近湯匙時，湯匙和迴紋針並不會相吸。

接下來，再把附有磁鐵的湯匙靠近迴紋針，結果發現迴紋針會吸在附有磁鐵的湯匙上。由此可以知道，**附著在磁鐵上的鐵塊會吸住其他的鐵塊**。

然後，再試著輕輕的將磁鐵移開湯匙，原本吸在湯匙上的迴紋針，會持續吸在湯匙上一段時間。由此可知，**磁鐵一旦吸附某樣物體時，也能將這件物體變成磁鐵**。尤其是鐵、碳等混合製成的鋼，特別容易受到磁鐵的影響。

◀ 磁鐵附著的物品會變成磁鐵 ▶

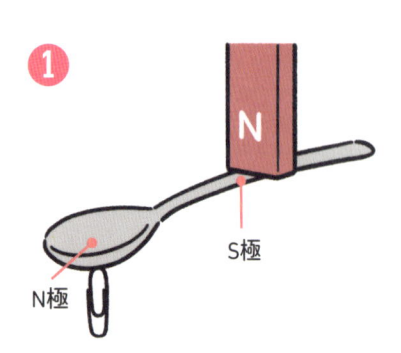

1
N極　S極

把附有磁鐵的湯匙靠近迴紋針時，湯匙會變成磁鐵將迴紋針吸住。

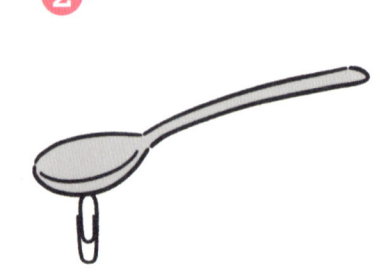

2

在 ❶ 的狀態下將磁鐵拿開。因為湯匙變成磁鐵了，所以迴紋針不會脫落。

8 磁鐵和電的世界

Q 為什麼指向針總是指向南北方呢？

指向針是幫助我們尋找方位的有用工具。

指向針的N極朝北方、S極朝南方，因此不論我們處在地球哪一個位置，都可以知道自己所在的方位。那麼，指向針的指針為什麼會固定指向南北方呢？

指向針的指針是由磁鐵做成的，另一方面，地球也是一塊巨大的磁鐵。地磁的S極靠近北極地區，N極則靠近南極地區。

由於磁鐵具有異極（N極和S極）相吸、同級相斥的特性（參照第79頁），因此，指向針N極的指針會固定指向北方，S極的指針則指向南方。

地球為什麼會變成一塊磁鐵呢？觀察地球的內部構造，我們可以了解到它的內部有一層含有鐵等其他金屬的液態金屬層（外核），當外核轉動時，鐵會跟著流動。流動的鐵會帶動電力產生，這就是地球磁力的來源。

生物　化學　物理　地球・宇宙

◀ **指向針的N極指向北方的原因** ▶

地球是一塊磁鐵，北方是S極，南方是N極。圖示上的線為磁力線（參照79頁），磁力線來自於S極和N極的附近。在磁力線範圍內，指向針的指針(N極)會一直指向地球的（S極）。

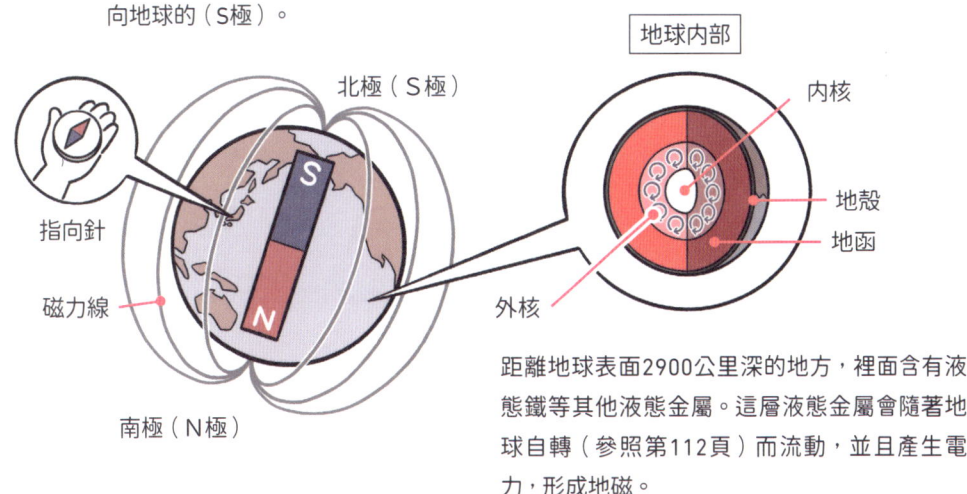

北極（S極）
指向針
磁力線
南極（N極）

地球內部
內核
地殼
地函
外核

距離地球表面2900公里深的地方，裡面含有液態鐵等其他液態金屬。這層液態金屬會隨著地球自轉（參照第112頁）而流動，並且產生電力，形成地磁。

物理

破壞電量平衡的「靜電」

靜電是什麼電量呢？

圍繞在我們生活周遭的物品，全部帶有正電荷和負電荷。一般來說，正、負電荷兩者所帶的電量會相同，並且相互抵消，因此我們平常並不會感覺到這股電荷量。

不過，當兩個物體相互摩擦時，負電荷就會在兩者之間遊走，導致正、負電荷失去平衡，形成一側帶較多負電荷，另一側帶較多正電荷的狀態。像這樣因為單一側持續囤積電荷，導致出現電荷失衡的狀態就稱為靜電。

當失衡的電荷恢復平衡狀態時，我們就會感受到像觸電般的一股小小電流。

> 在含水量多的空氣中，較不容易產生靜電。

◀ 感受到電流通過的原理 ▶

每到冬天，當我們身穿毛線衣，碰觸到金屬門把時，經常就會像觸電般，感受到一股讓人疼痛的電流。因為附在門把上的負電荷會隨著衣物摩擦時的正電荷往身體的方向移動，瞬間形成靜電現象。

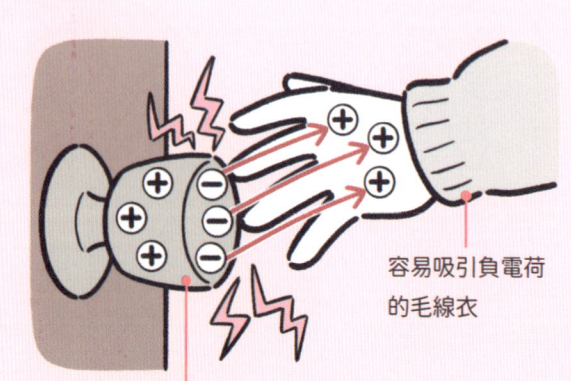

容易吸引負電荷的毛線衣

導電性良好的金屬門把

82

用墊板摩擦頭髮，為什麼頭髮會黏在墊板上呢？

靜電有兩個特性，分別是：

① 帶正電與帶負電的物體會相互吸引。

② 同樣帶正電或同樣帶負電的物體會相互排斥。

當你用墊板摩擦頭髮時，你的頭髮會豎起來，並且黏在墊板上的原因，在於製作墊板的「聚氯乙烯（PVC）」材質帶有負電荷，而頭髮容易帶正電荷。

因此，摩擦頭髮後，頭髮中的正電荷會變多，然後與墊板中的負電荷相互吸引，導致頭髮黏在墊板上。

物質決定電量的特性

物體帶正電或帶負電的容易度由物質決定。容易攜帶負電荷與容易攜帶正電荷的物質摩擦的越多，所產生的靜電就越大。

← + 容易攜帶正電荷　　　容易攜帶負電荷 − →

- 毛皮・毛髮
- 羊毛
- 尼龍
- 綿
- 麻
- 樹木
- 人體皮膚
- 鋁
- 紙（包括面紙）
- 鐵
- 不鏽鋼
- 橡膠
- 聚脂纖維
- 壓克力纖維
- 聚氯乙烯（PVC）

頭髮黏在墊板上的原因

當我們將墊板和頭髮相互摩擦後，聚集在墊板的負電荷與聚集在頭髮中的正電荷會相互吸引。

資料來源：依據「靜電安全指南2007」數據製表

利用靜電移動吸管

試試看，用紙巾摩擦兩根吸管後，再將兩根吸管相互靠攏。兩根吸管都帶有負電荷，所以會相互推開。

① 用紙巾將兩根吸管包起來之後摩擦。

② 將一根吸管放在寶特瓶的瓶蓋上，然後將另一根吸管靠近瓶蓋上的吸管。（相互排斥）

8 磁鐵和電的世界

生物　化學　物理　地球・宇宙

物理

認識電的原理與特性

電是由什麼組成的呢？

物質中含有許多帶負電的小粒子，稱為「電子」，這些電子無法在不導電的物質中遊走。相反的，導電的物質中，則有許多可以自由移動的電子。

當我們將導電的物質連接到電池時，內部的電子就會開始從電池的負極一口氣往正極的方向移動。

這樣的電子運動就是電的原理，流動的電即稱為「電流」。

◀ 流動的電子是電 ▶

電燈泡／導線／負極／電池／正極

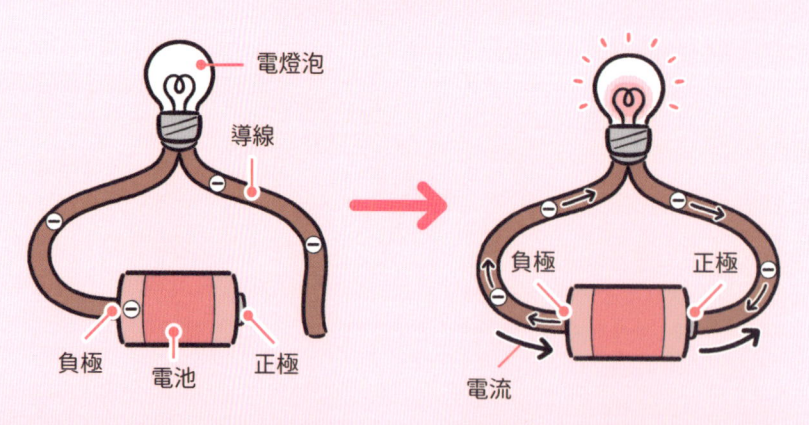

導電的電燈泡、導線和電池內部都有電子，但是若沒有連接電池的負極，電子則無法自由移動。

負極／正極／電流

連接電池後，電流從正極流向負極。另一方面，電子的流動方向與電流相反，電子是從負極移動到正極。

> 依據電流的化學反應，電池中的負極會釋放電子，而正極會得到電子。

84

8 磁鐵和電的世界

物體有導電性之分嗎？

在連接電燈泡和電池的導線中間放入一個10圓硬幣後，電燈泡會發亮，由這個實驗可以了解10圓硬幣能夠導電。不過，改放橡皮擦之後，電燈泡就不亮了，換言之，橡皮擦不會導電。由此可知，在所有的物品中，有的具有導電性、有的不具有導電性。

例如，剪刀或鋁箔紙、以及用鋁做成的硬幣等物體都具有導電性。另一方面，紙或玻璃、塑膠製品等材料就不具有導電性。

如此一來，我們可以知道金屬具有導電性，但非金屬的物體則不具導電的特性。

◀ 具導電性和不具導電性的物品 ▶

10圓硬幣
10圓硬幣內的電子會移動，然後傳導電流使電燈泡發光。 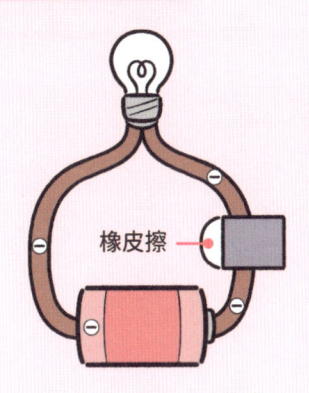
電流

橡皮擦
在電池與電燈泡之間放入一塊橡皮擦後，電子就無法在兩者之間移動，導致無法傳導電流，所以電燈泡就不會發光。

具導電性的物品
剪刀　鋁箔紙

不具導電性的物品
玻璃　書本（紙）　塑膠製品

85

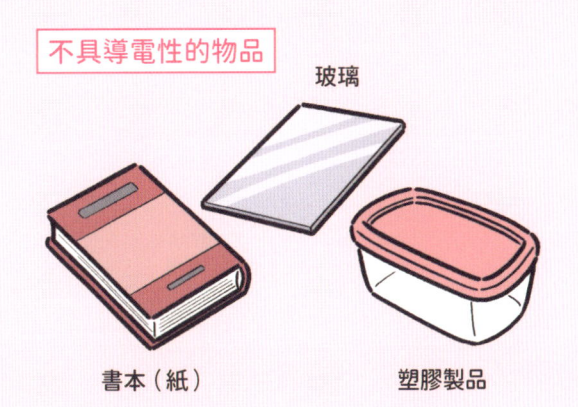

物理

為什麼連接方式會改變電力？

什麼樣的連接方式能改變電燈泡的亮度呢？

電力通過的路徑，稱之為「電路」。

用兩顆燈泡連接乾電池的電路分為「串聯」（連接一條電路）和「並聯」（連接兩條電路）兩種類型。

比較只連接單一顆燈泡的電路，串聯時，每個電燈泡的亮度會變暗。但是並聯時則不會改變，等同於連接單一顆燈泡時的亮度。

不過，比起只連接單一顆燈泡，並聯電燈泡的連接方式，會讓電池的使用壽命變短。

◀ 電燈泡的連接方式 ▶

串聯

連接一條電路。電燈泡的亮度比連接單一顆燈泡的時候還暗。

並聯

電路分別連接。亮度跟連接單一顆燈泡的亮度一樣，可是電池的使用壽命會較短。

> 串聯的電路只有一條，因此當其中一個燈泡燒壞時，電流就不會傳導，其他的燈泡也就跟著不亮了。

86

8 磁鐵和電的世界

電池的連接方式能夠改變電燈泡的亮度嗎？

兩顆乾電池的連接方式分為串聯（連接一條電路）和並聯（連接兩條電路）兩種類型。

串聯時，輸出的電力會變成兩倍，因此電燈泡的亮度會比連接單一顆電池時更亮。不過，電池的使用壽命並不長。

另外，**並聯**時，輸出的電力等同於連接單一顆電池的電力，所以電燈泡的亮度與連接單一顆電池的亮度一樣。不過，電池的使用壽命會隨著電池增加的數量而延長。

找找看，生活周遭的電氣用品中，使用串聯或並聯方式的，分別有哪些用品呢？

◀ 電池的連接方式 ▶

串聯

連接一條電路的方式。電流會變強，電燈泡的亮度會比只連接一顆電池的亮度更亮，但電池的使用壽命不長。

並聯

電路分別連接的方式。電燈泡的亮度與使用一顆電池時的亮度一樣，但亮度較持久。

找找看，生活中有哪些電器用品？

依靠電池驅動的物品有哪些呢？一起來看看，這些物品的連接方式吧！

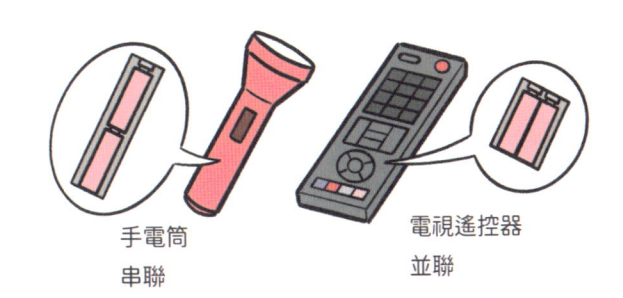

手電筒　串聯

電視遙控器　並聯

87

物理

通電時具有磁力的電磁鐵

什麼是電磁鐵？

當電流通過電線時，電線的周圍會產生磁力（參照第79頁）。**電磁鐵就是利用這個特性製作而成的，是在電流通過時，才會變成磁鐵的一種工具。**

電線越多，磁力就會越大，因此電磁鐵會纏繞很多條電線，形成所謂的線圈。

當我們在線圈的內部放入鐵時，磁力就會變得更強大。因此，電磁鐵的中心通常會放置一根鐵棒。

◀ **電磁鐵的特性** ▶

當電流通過電線時，電線的周圍會產生磁力，電線本身則變成具有S極和N極的磁鐵。只要增加線圈的圈數或電池的數量，磁力就會變強。

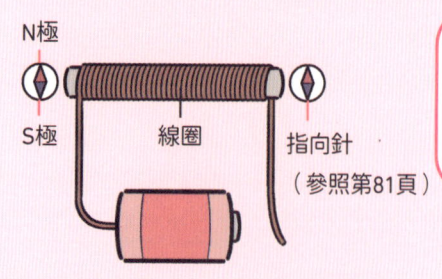

N極　　S極　　線圈　　指向針
（參照第81頁）

電流沒有通過電線，所以沒有變成電磁鐵。

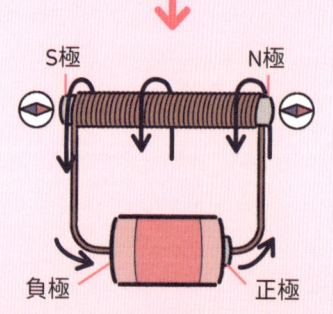

↓

S極　N極　　　　　N極　S極
負極　正極　　　　正極　負極

電流通過電線後，電線就變成電磁鐵，指向針的指針受到吸引會分別指向電磁鐵。

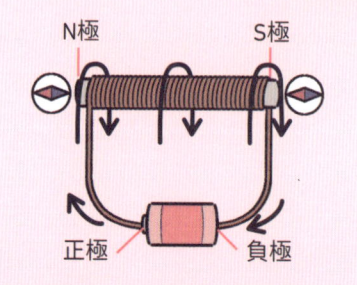

將電池的正負極調換後，電流的方向和電磁鐵的極性就會變換。

> 調換電池的正負極，改變電流的方向後，電磁鐵的極性也會跟著變換喔！

88

8 磁鐵和電的世界

什麼是馬達？

馬達是一種利用通電的電流使線圈（軸）轉動，並使物體產生動作的工具。

馬達是由線圈和磁鐵組合而成的。當電流通過馬達內部的線圈時，線圈就會變成電磁鐵。馬達就是運用電磁鐵同極相斥、異極相吸的特性產生轉動。

我們的生活周遭有許多裝載馬達的物品。

例如，吸塵器利用馬達的動力來清除污垢、電風扇利用馬達帶動空氣（參照第92頁），還有電腦、手機等3C產品的裡面也裝有馬達。

◀ 馬達的構造 ▶

電流通過線圈後變成了磁鐵。通電時，線圈周圍的磁鐵會出現互相排斥或吸引的現象，然後帶動線圈轉動。線圈轉動時，可以透過停止電流或改變電流方向、調換線圈的電流S極和N極等動作，讓線圈持續轉動。

馬達是一種利用通電電流來轉動軸心的工具。反過來說，用手旋轉馬達，就會產生電力。

在馬達裝上葉片，就變成吹風機。（參照第92頁）

手動照明燈是透過轉動把手來產生電力，發出亮光。

物理

電可以轉換成不同的形式

產生電力的方法？

馬達（參照第89頁）是一種藉由通電使軸心轉動的裝置。另一方面，**持續轉動軸心來增加電力，進而產生電能的設備就是發電機**。在腳踏車的車燈中，就裝有發電機。

供給家用電的發電廠中也有發電機。火力發電廠則是透過燃燒煤炭所產生的高溫水蒸氣來帶動渦輪推動機，進而轉動發電機內的磁鐵來產生電力。

◀ **火力發電廠的發電機** ▶

利用燃料將水煮沸，所產生的熱能能夠帶動渦輪推動機來發電。

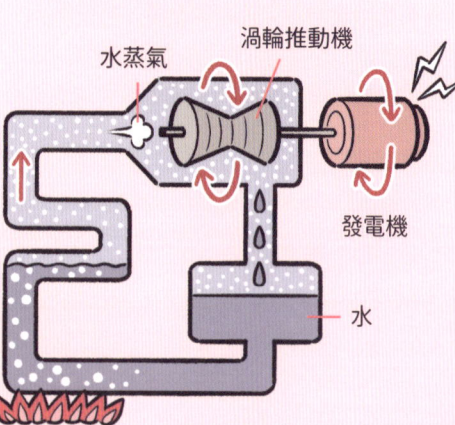

水蒸氣　渦輪推動機
　　　　　　　發電機
　　　　　　　水
熱能

◀ **腳踏車的發電機** ▶

透過踩腳踏車的動作轉動磁鐵，並且產生電力。

車燈　磁鐵

渦輪推動機和發電機連接在一起。

90

轉換為熱能和光能的電能

電力能夠轉變成熱能、光能、動能和聲音等各種形式。因此，發電所產生的電力多被用於我們生活周遭中的各種電氣產品。

電烤爐和烤麵包機就是藉由通電的方式產生熱能。另外，使用電熱線（通電後會產生熱能的電線），能讓房間變溫暖或是可以烹調食物。

此外，日光燈和LED燈泡也具有將電能轉換成光能的特性，被廣泛用於照亮房間的照明設備。

◀ 將電能轉換成熱能和光能的工具 ▶

轉換成熱能的物品

電烤爐和烤麵包機、吹風機等，使用通電後就會產生熱能的電熱線。較粗的電熱線可以產生較多的熱能。

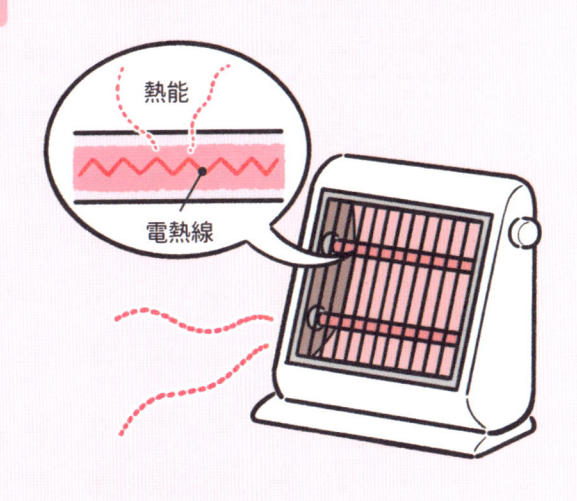

熱能
電熱線

轉換成光能的物品

日光燈和LED燈泡通電後會發光。日光燈發射出的電子（帶負電）與燈管中的汞（水銀）原子碰撞後，會發出人類肉眼看不見的紫外線。當紫外線照射到燈管內的螢光漆時，就會發出紅、綠、藍光，當這些光混合後，就會變成我們眼睛所看到的白光。

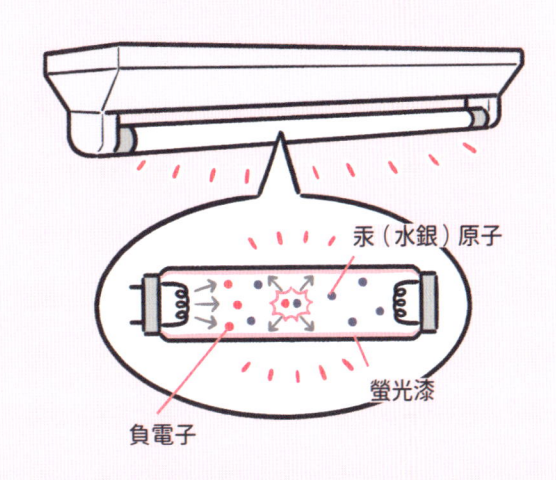

汞（水銀）原子
螢光漆
負電子

8 磁鐵和電的世界

生物
化學
物理
地球・宇宙

轉換為動能和聲音的電能

電能除了可以轉換成光能和熱能以外，也能轉換成動能和聲音。

吸塵器、洗衣機和電風扇等，都是藉由電流帶動馬達（參照第89頁）運轉的電氣用品。

吸塵器利用馬達運轉來吸入汙垢，洗衣機和電風扇則是利用馬達旋轉葉片，帶動水和空氣。

另外，音響是透過電流將內部的線圈變成電磁鐵（參照第88頁）。由於電磁鐵周圍的磁力相互吸引、排斥的關係，傳導到音響後，音響所產生的振動會帶動空氣分子振動，並且發出聲音（參照第62頁）。

◀ 電能轉換成動能和聲音的工具 ▶

轉換成動能的物品

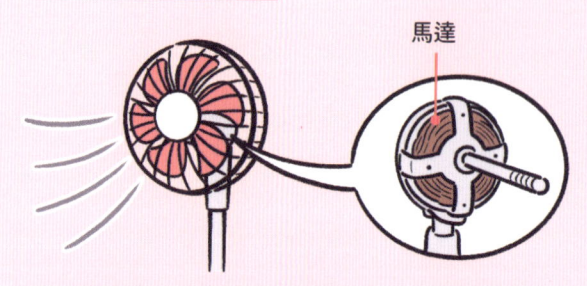

馬達

電風扇利用馬達的轉動來帶動葉片，並且產生氣流。吸塵器、洗衣機、電動車等，也都是靠馬達提供動力的物品。

轉換成聲音的物品

振膜
線圈

通電後，音響內部的線圈就會變成電磁鐵，再透過上下振動的動作，帶動音響內部的振膜抖動，並且發出聲音。

各種發電方法

日本主要是利用火力發電，不過，目前利用大自然力量發電的方式也日漸增加中。像是利用流水的力量，產生電力的水力發電、利用風力產生電力的風力發電、利用太陽光的能源來發電的太陽能發電，還有地下水蒸氣或熱水的地熱發電。

風力發電的方式是利用風帶動葉片旋轉來產生電力。

8 磁鐵和電的世界

生物 / 化學 / 物理 / 地球・宇宙

想知道更多

電的奧祕

一起來探索電的奧祕吧！

Q 雷電也是由電組成的嗎？

雲是由小水滴或冰晶所組成的（參照第98頁）。炎熱的夏日午後，地面上的暖氣會往上升，然後在天空形成「積雨雲」。

積雨雲內部的小冰晶會相互碰撞，然後累積成靜電。較輕且帶正電荷的冰晶，會積聚在雲的上方，而較重且帶有負電荷的冰晶，會積聚在雲的下方。

當電的平衡遭到嚴重破壞時，為了維持平衡，雲和雲之間，或是雲和地面之間的空氣就會產生電流，也就是我們所說的雷電，而發生在雲層和地面之間的則稱為「落雷」。由於附帶的能量很大，所以我們可以看到強烈的閃電，還有聽到地面震動的轟隆聲響。

◀ 發生雷電的原理 ▶

❶ 雲層中有許多冰晶相互摩擦後產生靜電。

❷ 正電荷聚集在雲層的上方，負電荷聚集在雲層的下方。

❸ 電流在雲層之間，以及雲層與地面之間流動，產生雷電。

93

練習 ❸ 一起來了解物理吧！

動動腦！

你知道光、聲音和電的特性嗎？

Q1
關於光的特性，下列哪一項敘述是錯的？

① 光會直射
② 碰到物體後就會消失
③ 從空氣進入水中後，會產生折射現象。

Q2
關於聲音的特性，下列哪一個敘述是正確的？

① 在外太空可以聽到聲音
② 鐵可以傳導聲音
③ 在水中無法聽到聲音

Q3
哪一個槓桿是平衡的？

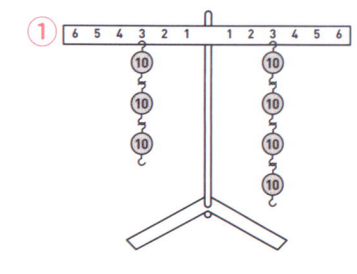

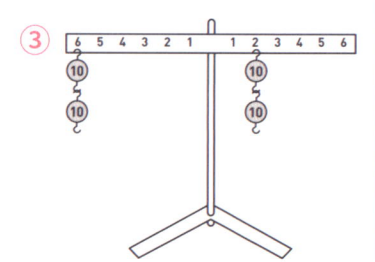

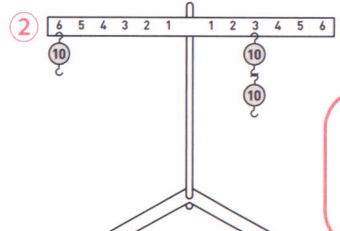

請注意看吊秤的位置喔！

94

Q6

電磁鐵的內部裡面有什麼？

① 食鹽水
② 鐵
③ 磁鐵

Q4

什麼物品可以吸附在磁鐵上？
（可複選）

鉛筆　鋁箔紙　迴紋針　鋼架　安全別針　筆記本

Q7

哪一種電氣產品可以將電能轉換成光能和熱能？

① 電風扇
② 揚聲器
③ 日光燈

Q5

哪一項物品可以通電？
（可複選）

塑膠製品　剪刀　鋁箔紙　紙本　玻璃

解答

Q1 ②　當光碰到物品時，會產生反射現象

Q2 ②　　**Q3** ②　　**Q4** 迴紋針、鋼架、安全別針

Q5 剪刀、鋁箔紙　　**Q6** ②　　**Q7** ③

雨和雲的關係

咦!沒有下雨吧!

我今天忘記帶傘了啦!

嘩啦 嘩啦 嘩啦

啊!好像快下雨了耶!

為什麼你會知道呢?

關窗

你看看天空!對面有一片烏雲飄過來了!

烏雲?

就是會下雨的雲!

96

對了！你說會下雨的雲，可是也有不會下雨的雲，對吧？哪裡不一樣呢？
這是因爲……
我來回答
雲是由水的微小粒子組成的喔！
水粒子的大小會依據溫度和濕度等條件改變！這些粒子聚集在一起，就會變成雨。不過，溫度更低時，情況又不同囉……
滔滔不絕
哎呀！你還好吧？
啊！對不起，我太興奮了。
頭昏
腦脹
小淳，我們先來了解雲是怎麼來的吧！

地球・宇宙

產生雲和風的原理

雲是如何形成的呢？

當空氣變暖時，空氣的體積會變大、密度變小，並且變得更輕（參照第43頁）。這樣的特性與雲形成的原理息息相關。

當我們周圍的空氣吸收太陽的熱能後，空氣會變暖和，並且從靠近地面的地方往上升。越往上升，距離地面越遠的空氣，溫度會越低，這時空氣中的水蒸氣就會變成小水滴或冰晶，雲就是由這些小水滴或冰晶組成的。

當這些水滴或冰晶聚集起來，慢慢變大後，就會變成雨或雪降落到地面上。

雲形成的原理

3 越往上升的空氣，溫度會越低，然後凝結成水和冰晶。當這些粒子聚集在一起時，就會形成雲。

蓬鬆鬆的雲朵主要形成的高度為500公尺至12000公尺。

當空氣變冷時，水蒸氣會開始聚集並且變成水和冰晶。

2 受熱後體積變大的空氣，會變得更輕並且往上飄。

1 靠近地面的空氣中含有水蒸氣，受到陽光照射後會變暖和。

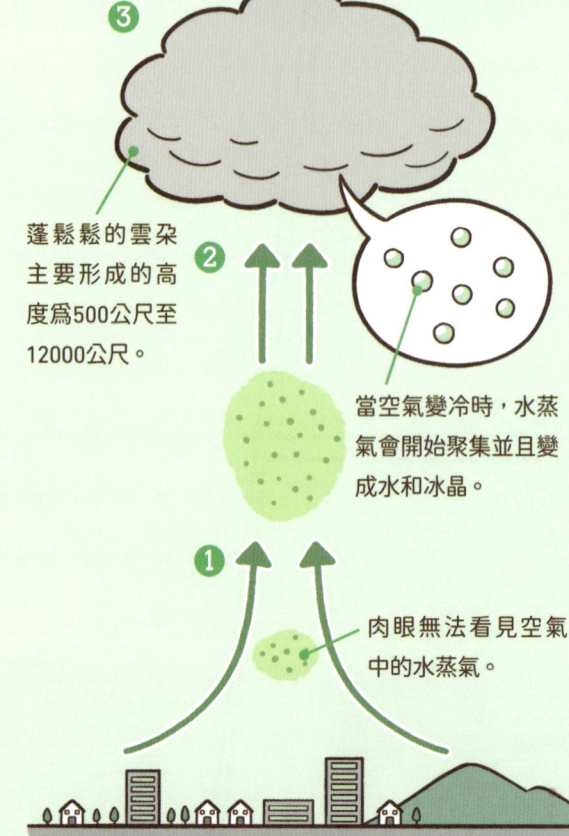

肉眼無法看見空氣中的水蒸氣。

98

9 天氣的變化

風為什麼會動呢？

從微風到颱風，在地球的表面，風的型態非常多樣。**風是一種從高壓處吹向低壓處的氣流**。隨空氣的重量所產生的壓力，稱為「大氣壓力」（氣壓）。重量會改變空氣的稀薄程度，所以氣壓也會隨所在的位置產生變化。

氣壓高於周邊地區的狀態稱為「高氣壓」，空氣含量會比周圍高；相反的，當氣壓低於周邊地區時，就稱為「低氣壓」，空氣含量會比周圍稀薄。

空氣會從含量高的地方流向含量低的地方，這樣的空氣流動現象就是風，氣壓越大，風就會變得越強。

◀ 氣流和風的流向 ▶

溫暖地區的空氣往上升後會變成低氣壓，風會從周圍的區域吹進來，往上升的氣流即為「上升氣流」。上升到天空的空氣會變得又冷又重，並且往地面的方向下沉，這股下沉的氣流就稱為「下降氣流」。下降氣流周圍的氣壓會變高，因此，雲會在氣壓低的地方形成，反之，氣壓高的地方雲會消失。

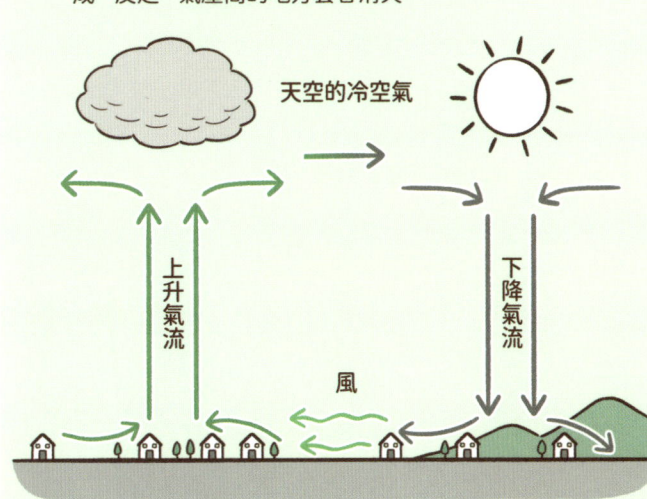

天空的冷空氣

上升氣流　下降氣流　風

氣壓低的地方（低氣壓）　　氣壓高的地方（高氣壓）

海風和陸風

沿海地區在白天時，風會從海洋吹向陸地，稱為海風；到了夜晚，風則從陸地吹向海洋，稱為陸風。這是由於白天時，陸地比海洋更容易變暖；到了夜晚，則比海洋更容易變冷的緣故。

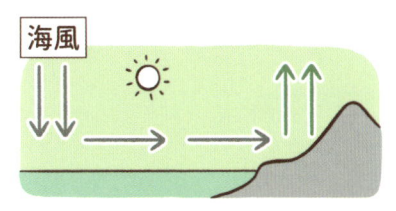

海風

白天受太陽照射後，陸地溫度上升的比較快，並且形成低氣壓，所以風會從溫度低的海洋吹向陸地。

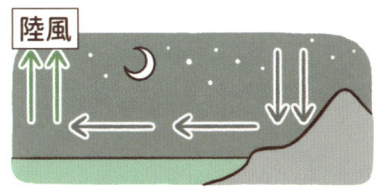

陸風

晚上，海洋的溫度比陸地高、氣壓比陸地低，所以風會從陸地吹向海洋。

99

地球・宇宙

認識日本的氣候特徵

日本氣候形成的三大氣團

覆蓋地球的空氣層中，有幾個溫度和濕度相似的空氣團塊（氣團）。日本的附近主要有三個氣團，這些氣團彼此間的平衡形成了日本氣候。

舉例來說，冬季時，乾冷的西伯利亞氣團變得更強，當它跑到日本附近的地區時，日本的天氣就會變冷。

另外，夏季時，天氣暖和的小笠原氣團會變強，並且覆蓋整個日本，所以日本的天氣會變熱。

◀ **日本附近的三大氣團** ▶

氣團的強度會依季節轉換而變強或變弱，形成該季節特有的天氣。

> 日本周圍還有長江氣團、赤道氣團等其他氣團喔！

西伯利亞氣團
又乾又冷的氣團，影響冬季天氣。

鄂霍次克海氣團
又濕又冷的氣團，帶來梅雨和秋雨。

小笠原氣團
溫暖潮濕的氣團，影響夏季天氣。

9 天氣的變化

日本最常見的天氣是哪一種呢？

日本國內各地，夏季和冬季的天氣差異很大。冬季時，西伯利亞氣團的冷風會吹向日本，這時日本海區域會下雪，而太平洋地區則非常乾燥。夏季時，小笠原氣團的暖風會吹向日本，這時會變成晴朗且悶熱的天氣。

隨天氣變化，也會發生每個季節獨特的風（季風），例如冬天吹北風、夏天吹南風。

另外，在日本附近的上空，全年都吹著偏西風。由於這股強烈西風的影響，使得空氣從西向東移動，並且導致天氣由西邊往東邊產生變化。

日本的天氣特徵

冬季的天氣

來自北方濕冷的季風，碰到貫穿日本列島的山脈時，導致日本海一側的區域會出現大雪。飄雪的風變成乾燥的微風後，會吹向太平洋，使太平洋一側的區域，持續是陽光閃耀且涼爽的晴天。

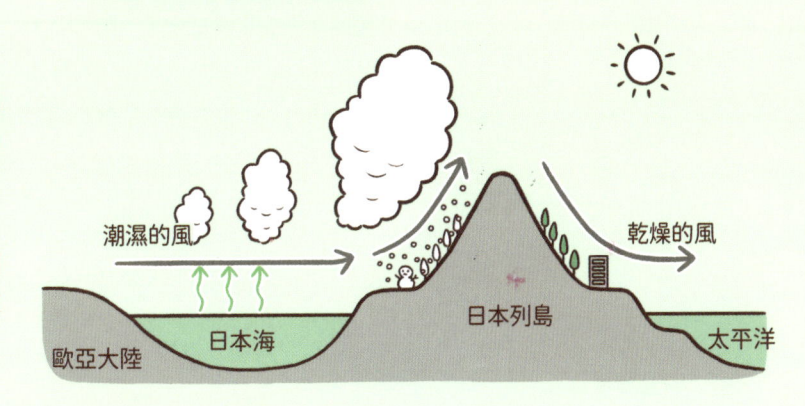

潮濕的風　　日本列島　　乾燥的風
歐亞大陸　　日本海　　　　　　　太平洋

夏季的天氣

小笠原氣團與鄂霍次克海氣團於五月中旬至七月下旬左右相互碰撞，所以冷空氣和暖空氣相碰的地區容易下雨，形成梅雨。當雨季過後，小笠原氣團會覆蓋整個日本，天氣也會變得更加晴朗。

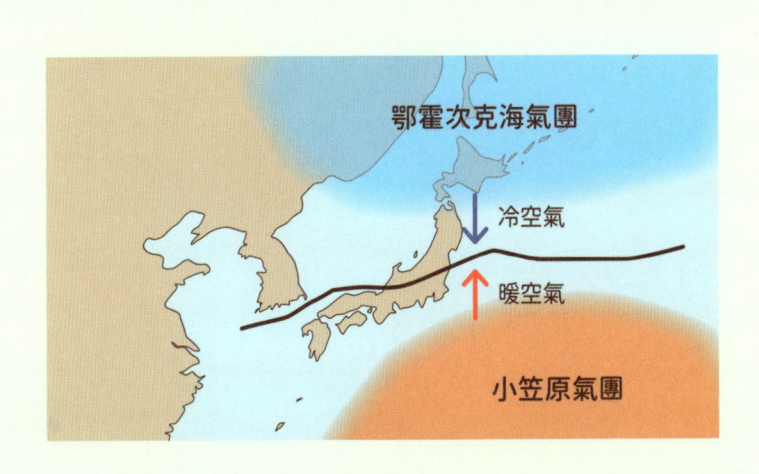

鄂霍次克海氣團
冷空氣
暖空氣
小笠原氣團

101

地球・宇宙

帶來強風和豪雨的颱風

颱風是如何形成的呢？

颱風發源於熱帶地區。在熱帶地區，當陽光照射到海面時，海水的溫度會升高，海面上的空氣也會跟著蒸發，蒸發的水氣集結後形成一個氣團。當這個氣團往天空飄時，就會形成雲層。

特別是海面上的低氣壓暖氣團，會帶來厚重的雲層與大雨。同時，也因為氣壓的差距過大，導致刮起激烈的強風。當低氣壓中間的平均風速超過每秒17公尺（1秒鐘約前進17公尺以上）的速度時，就會變成颱風。

◀ 颱風的構造 ▶

發源於熱帶海面上的低氣壓，藉由吸入或旋轉空氣而逐漸變大。最後，大範圍的降下大雨，並且將外面的強風捲入颱風圈內。

颱風眼內的天氣狀態，無風無雨而且非常安靜喔！

上空的雲和風
高度超過12000公尺時，雲擴散的方向將不再是往上，而是兩側。風會從中心開始，以順時針的方向旋轉。

颱風眼
上升的熱帶氣旋，中間什麼都沒有。

地表附近的雲和風
隨著空氣往上升，雲會往上發展。風以逆時針方向流向中心。

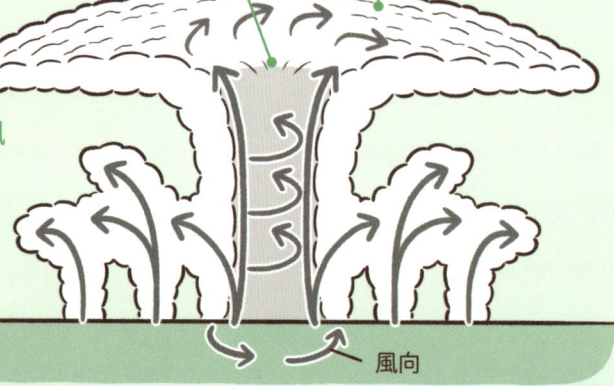

風向

9 天氣的變化

為什麼颱風大多發生在夏季和秋季呢？

颱風無法自行移動，颱風的特性是藉助太平洋上空的高壓（太平洋高氣壓）吹來的風向北移動，接著轉為偏西風後，順風朝東前進。

從夏季到初秋，太平洋高氣壓（小笠原氣團也是其中之一）會來到日本的南邊。因此，夏季和秋季時，颱風容易從南邊這側跑到日本來。

相反的，冬天和春天颱風形成的可能性較小。大多數的情況是太平洋高氣壓距離日本比較遠，所以颱風的形成，極少發生在冬天和春天。

◀ 颱風的路徑 ▶ 因熱帶海面的低氣壓較易發展成颱風，藉由太平洋高壓氣旋的風力，來到日本附近，所以颱風登陸日本的常見時期為8月和9月。

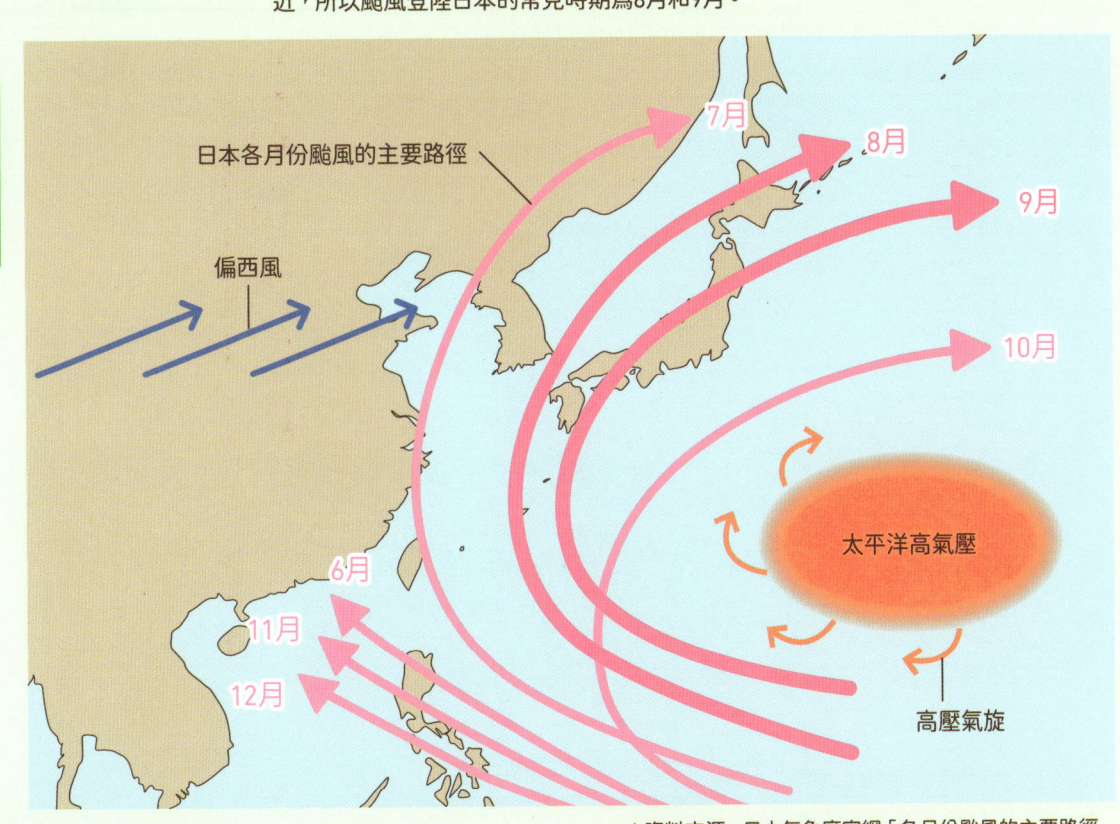

日本各月份颱風的主要路徑

7月　8月　9月　10月
偏西風
6月　11月　12月
太平洋高氣壓
高壓氣旋

＊資料來源：日本氣象廳官網「各月份颱風的主要路徑」

地球・宇宙

河流生成的地形

平原是如何形成的？

河流在川流陡峻的山中流動時，會一併將裡頭的泥土和石頭（侵蝕）帶到下游地區（搬運）。接著，在水流平緩的下游地區周圍，逐漸沉積夾帶的泥土和石頭（堆積）。

像這樣，隨著河川的流動，在河川的下游地區沉積泥沙後，形成的地形稱為平原。而其他地形分布在山地與平原附近，形成如扇子般的沖積扇、在河口附近常見的三角洲（河口沖積平原）等，都是因為河流生成的地形。

▶ **河流生成的地形** ◀

河流攜帶的泥沙逐漸沉積後，在河流的中段形成沖積扇、在下游形成平原或三角洲。

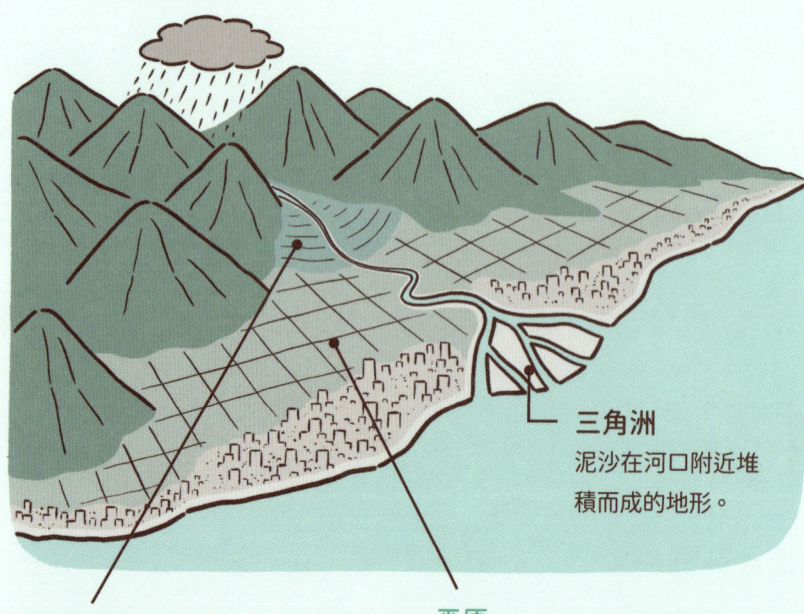

三角洲
泥沙在河口附近堆積而成的地形。

沖積扇
河流從山地流入平原形成的地形。河水有時也會滲透到堆積的石塊和泥土的下方。

平原
河流夾帶的石頭和泥土大範圍的堆積後，形成又寬又平坦的土地。

由泥沙堆積而成的地層

我們在山脈、河岸或海岸等懸崖表面，可以看到類似條紋的形狀，稱為「地層」，是由泥沙經由長時間堆積而成的。

地層是由受到河流或海水侵蝕後的泥沙，在水流緩慢的地區沉積而成的，或是由火山噴出的岩漿和火山灰堆積而成的。

構成地層的土壤依顆粒大小可分為石頭、沙子和泥土。

這些土壤會經年累月隨著海平面不斷的上升、下降，沉積物的大小也會改變，因此我們可以從地層的構造來判斷海岸線是否會經發生變化。

◁ 海洋地層形成的原理 ▷

一般來說，沉積物的沉積順序以最靠近海岸的地方開始，依序為石頭→沙子→泥土。海平面的升降會改變沉積物堆積的位置和大小。層數越低的歷史越悠久，不過受到地表運動的影響，也有可能出現彎曲（褶曲）或位移（斷層）現象。

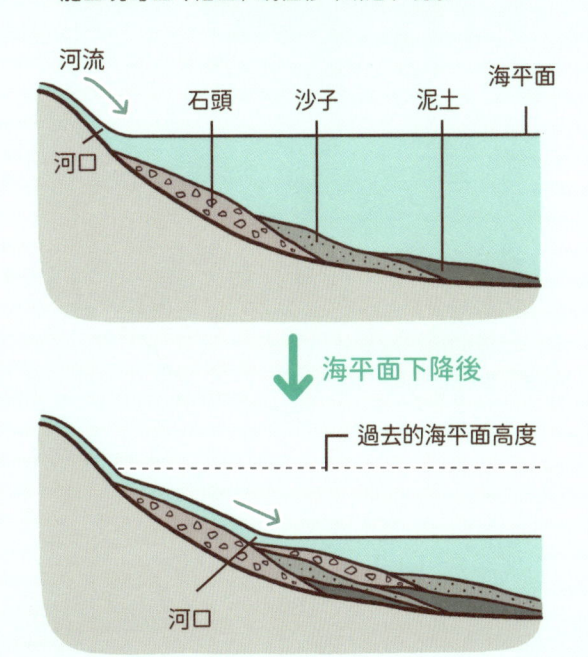

河流　石頭　沙子　泥土　海平面
河口

↓ 海平面下降後

過去的海平面高度
河口

日本千葉縣屏風浦的水平堆積地層。

日本岐阜縣金華山的褶曲地層。

斷層

日本神奈川縣城之島的斷層地層。

10 地球和宇宙

生物　化學　物理　地球・宇宙

105

地球・宇宙

大地震動引起的地震

陸地會動嗎？

地球表面覆蓋著一層堅硬的岩石，稱為「地殼」。地函位於地殼的下方，是地球內部最厚且流動緩慢的一層。

地球的表面，覆蓋著十幾塊包含地殼和上層地函在內的板塊。這些板塊每年都會移動幾公分，位於板塊上方的陸地，也會跟著出現些微的移動。

處於四大板塊交會處的日本列島，也正一點一點的移動著。

◀ 地球的構造 ▶

板塊包含地殼及上層地函，厚度為幾公里至幾十公里不等。地球表面是由十幾個大小板塊組合而成的。

- 內核
- 外核
- 地函
- 地殼
- 板塊

◀ 日本附近的板塊 ▶

日本附近有四大板塊。位於陸地的板塊稱為大陸板塊，位於海洋的板塊則稱為海洋板塊，兩塊海洋板塊的移動方向是固定的。

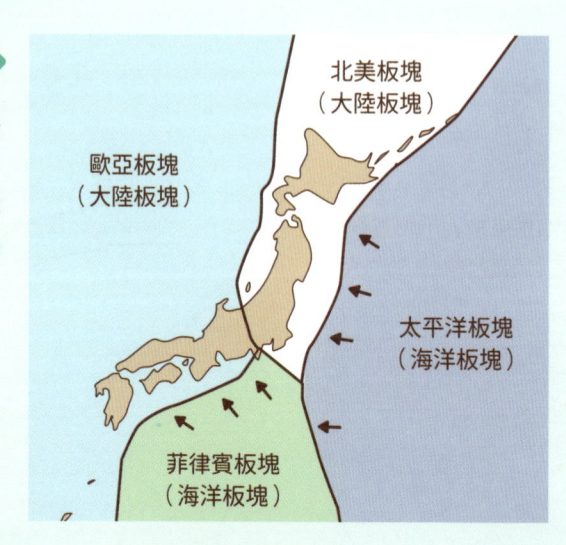

- 北美板塊（大陸板塊）
- 歐亞板塊（大陸板塊）
- 太平洋板塊（海洋板塊）
- 菲律賓板塊（海洋板塊）

⑩ 地球和宇宙

地震是如何發生的？

日本附近的板塊交界處，海洋板塊沉入大陸板塊的下方，而位於上方的大陸板塊則一點一點的逐漸被拉扯。當這股拉扯的力量累積到臨界點時，試圖返回原來位置的板塊就會開始快速的移動，進而引發地震，稱之為「板際地震」。西元二○一一年，東北太平洋海岸地震（東日本大地震）就是屬於此類型的地震。

另外，板塊變形後，地球表面附近形成的小裂縫（斷層），有時候也會引發地震。這類型的地震稱為板塊內地震（直下型地震）。西元一九九五年，日本兵庫縣南部發生的地震（阪神・淡路大地震）就是這類型的地震。

地震是如何發生的？

板際地震

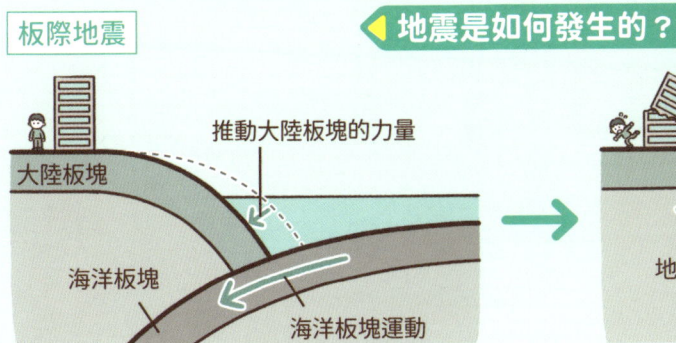

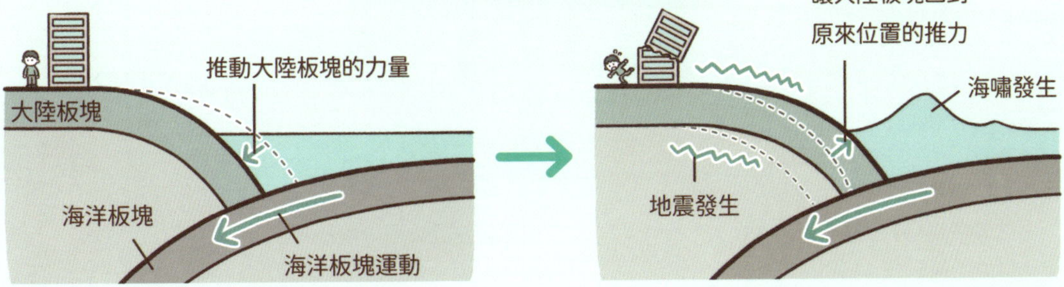

推動大陸板塊的力量
大陸板塊
海洋板塊
海洋板塊運動

海洋板塊下沉，部分的大陸板塊呈扭曲狀

讓大陸板塊回到原來位置的推力
海嘯發生
地震發生

大陸板塊恢復原來的形狀時，板塊交界處的附近會發生板際地震。

板塊內地震

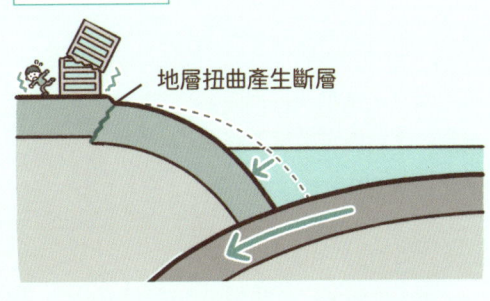

地層扭曲產生斷層

海洋板塊俯衝到大陸板塊下方時所施加的壓力，會導致大陸板塊的斷層移動，引發板內地震。

「震度」和「規模」

地震的震度和規模都是用來表示地震強烈程度的數字。震度代表每個觀測點震動的大小，以1到7的數值（震度5和6分別代表震度的強弱）來表示。另一方面，規模則是表示地震能量大小的數字。當規模增加1時，能量則增加32倍。在相同深度的狀況下，規模的數字越大，震動範圍就越大。

地球的奧祕

我們居住的地球，還有許多未知的奧祕。

Q 山脈是如何形成的？

山脈形成的方式有許多種，以下兩種為最具代表的方式：

第一種是由火山噴出的岩漿或火山灰堆積而成的山脈。這類型的代表山脈為富士山。

第二種是地層因覆蓋地球表面的板塊運動，受到拱起或彎曲後所形成的山脈。連接日本列島的北阿爾卑斯山和南阿爾卑斯山，以及世界第一高峰的聖母峰等，都是屬於這類型的代表山脈。

一座山形成後，並不會永遠保持原來的樣貌。當它再次噴發或是遭受風雨侵蝕時，就會變化出各式各樣的樣貌。

◀ **典型的山脈形成的方式** ▶

地層彎曲，部分的地層拱起後，形成山脈。

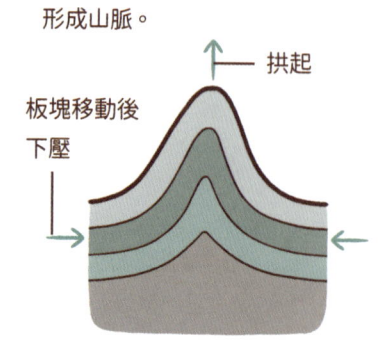

← 拱起 →
板塊移動後下壓

火山爆發後的火山灰堆積，形成一座山。

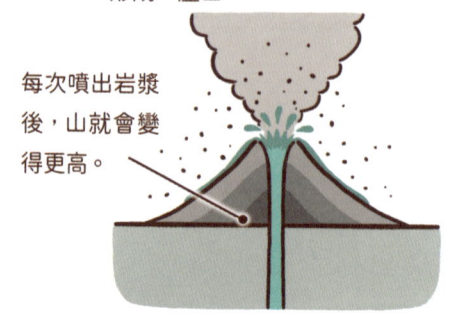

每次噴出岩漿後，山就會變得更高。

褶曲形成的聖母峰。

因多次噴發而變高的富士山。

108

Q 海嘯和普通的海浪有什麼不同？

普通的海浪和海嘯都是由於海平面上升所引起的現象，但是各自形成的原理和特性卻完全不同。

當風吹拂過海平面時，海平面上的海水會產生一般的海浪。這些海浪之間的距離僅有數公尺到數百公尺，就算打到陸地的岸邊，很快就會退回海中，能夠衝擊岸邊的水量並不多。

海嘯則是由於地震引發海底移動，使得海底到海面都受到影響的現象。海浪之間的距離從數公里到數百公里不等，相距非常遠，而且相互撞擊到消退的時間，也比普通海浪更長，強度也比普通的海浪更大。因此，海嘯引起的水量也比普通的海浪更多。

此外，海嘯還有「淺水處的海浪會變高」、「海灣內無處排出的死水，會往高處上升」等特性。

海嘯釋放出大量的水，並且往高處流。除此之外，還會以超出想像的速度快速流動，造成巨大的損害。

◀ 普通的海浪和海嘯 ▶

普通的海浪
每個海浪之間的距離為數公尺到數百公尺。

海嘯
每個海浪之間的距離為數公里到數百公里。
③發生海嘯
②震動傳遞到海面上
①海底發生地震

海嘯的現象就類似於海平面上升的狀態。

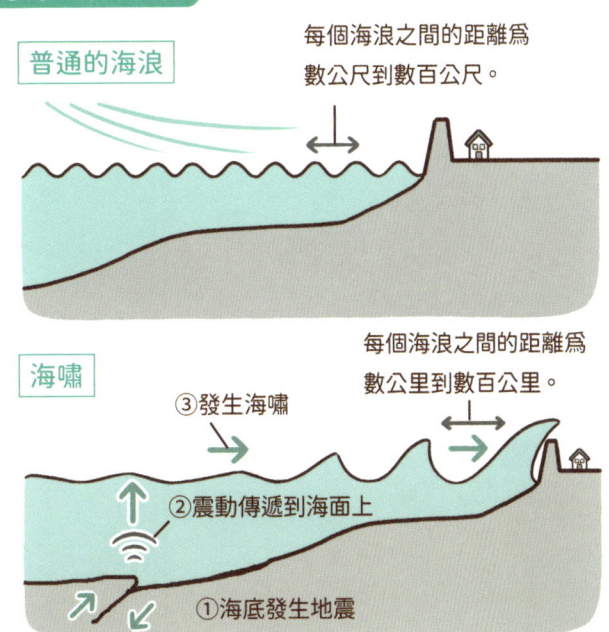

10 地球和宇宙
生物　化學　物理　地球・宇宙

廣闊的宇宙世界

太好了！雨停了！

是月亮耶！

啊！

真不可思議啊！白天居然也能看見月亮。

月亮是一顆非常明亮的星球喔！

因為它能夠反射陽光！

只要是亮度很高的星球，在白天應該也可以看見喔！我們住的星球，大概在那邊……

哪裡？哪裡？

10 地球和宇宙

生物 | 化學 | 物理 | 地球・宇宙

嗯，大概是像這樣！

閃亮

宇宙除了有太陽和月亮之外，還有甚麼呢？

宇宙是真空狀態，沒有任何東西能夠反射陽光，所以呈現一片漆黑。

這真是太神奇了！小E！多告訴我一點，多說一點！

沒問題！

111

地球・宇宙

會自轉的地球

為什麼地球有晝夜之分呢？

試試看，拿著光源照射一顆球的表面，你會發現照到光的那一面會變亮，而沒有照到的另一半會變暗。地球出現晝夜之分的原理，跟這個道理一樣。

地球倚靠連接北極和南極的軸心，以每天一圈的速度轉動，這樣的動作稱為「自轉」。

因為自轉的關係，在一天當中，地球會同時出現一半有陽光、一半沒有陽光的現象，這就是各地形成白天和黑夜的原因。

◀ 晝夜的原理 ▶

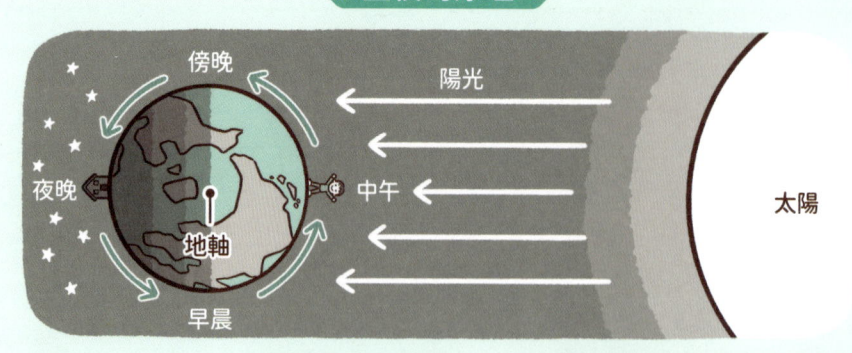

太陽光照射地球。當地球自轉，從照射不到太陽光的地方移動到照射得到的地方時，就會從夜晚變成早晨；當照射得到太陽光的地方移動到照不到太陽的地方時，又會從傍晚變成夜晚。

◀ 透過太陽的位置來判斷方位 ▶

日本所在的北半球，太陽從東方升起，穿過南方，再從西方落下。

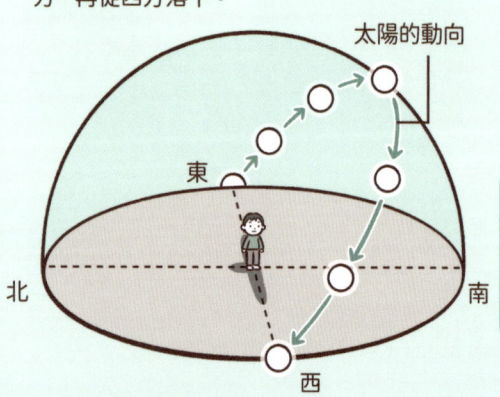

> 太陽和月亮的東升西落，是地球由西向東的自轉方向造成的喔！

112

10 地球和宇宙

為什麼會有四季變化呢？

地球自轉繞太陽一圈需要一年的時間，稱為「公轉」。

由於地軸公轉的傾斜角度約為23度，使得太陽照射的光源會有所變化，因此地球上大多數的地方，依據季節變化受到陽光照射的位置會有所不同，白天和夜晚的時間長度也會出現變化。

白天最長的季節是夏季。從地面看，太陽會掛在天空最高的位置，當陽光垂直照射地面時，地面就會變暖，氣溫也會變高。

相反的，冬季白天的時間較短，太陽位在天空的位置越低，氣溫就會變得越低。處於夏季和冬季之間的春季和秋季，白天和夜晚的長度大致相同。

◀ 季節形成的原理 ▶

由於地軸呈傾斜狀，夏季和冬季時，太陽照射地球同一區域的照射量會發生變化，進而形成季節。日本所在的北半球和澳洲所在的南半球，由於太陽照射的方式相反，季節也呈現完全相反的狀態。

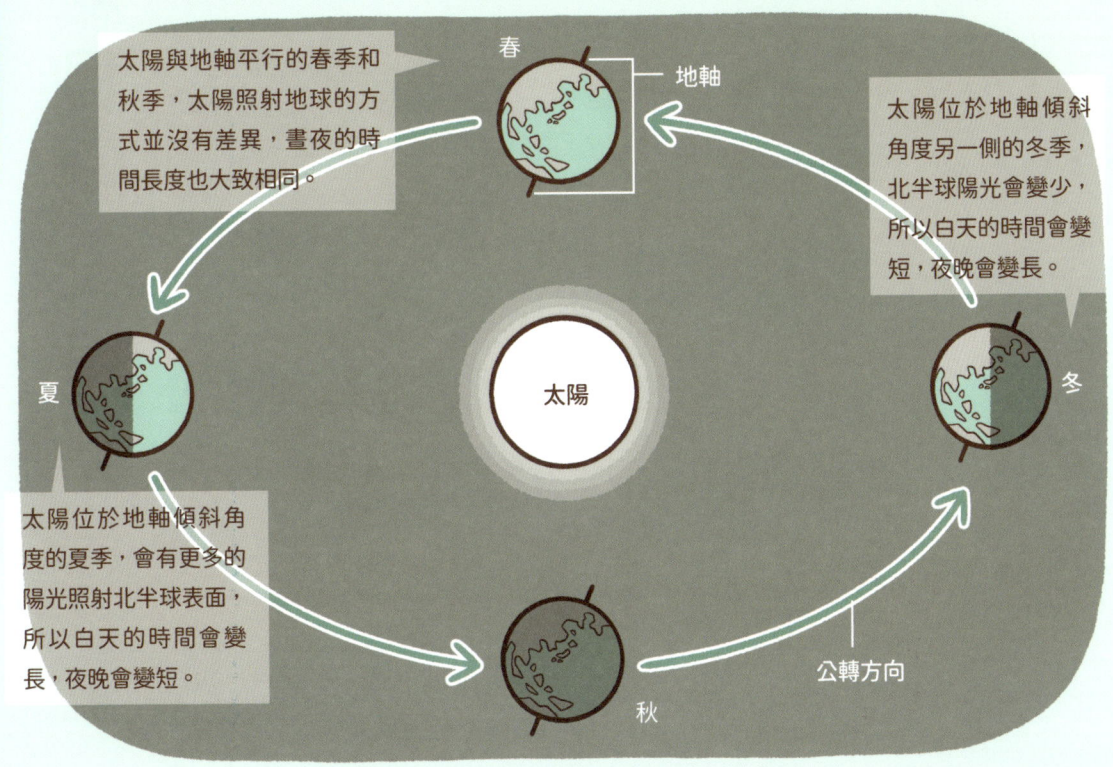

太陽與地軸平行的春季和秋季，太陽照射地球的方式並沒有差異，晝夜的時間長度也大致相同。

太陽位於地軸傾斜角度另一側的冬季，北半球陽光會變少，所以白天的時間會變短，夜晚會變長。

太陽位於地軸傾斜角度的夏季，會有更多的陽光照射北半球表面，所以白天的時間會變長，夜晚會變短。

春　地軸　夏　太陽　秋　冬　公轉方向

＊以北半球的季節為例。

113

地球・宇宙
認識月相變化和日蝕、月蝕

月亮的形狀為什麼會變化？

雖然月球看起來會發光，但是它本身其實並不是光源，而是經過太陽照射後，反射而來的光。因此，陽光沒有照射到的月球表面就會變暗。

月球繞行地球一周約為27天，隨著太陽、地球、月球之間的位置變化，月亮反射陽光後，發亮的位置也會不一樣，因此我們可以看見月球出現蛾眉月或半月等的形狀。

像這樣的月相變化，就稱為月的陰晴圓缺。

◀ **月的陰晴圓缺** ▶

從地球看月球的形狀，會根據月球和太陽的位置而改變。新月時，我們會看到月球表面都處於陰影中；滿月時，則可以看到表面全部處於發光的狀態。

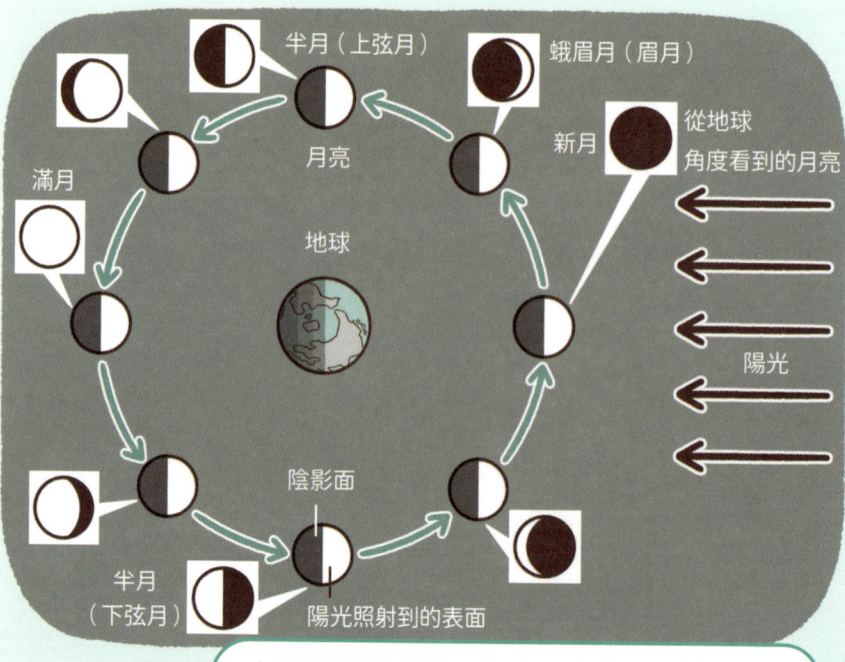

半月（上弦月）　蛾眉月（眉月）
月亮
滿月　　　　　　　　　　新月　從地球角度看到的月亮
地球
　　　　　　　　　　　　　　陽光
陰影面
半月（下弦月）　陽光照射到的表面

太陽約為地球的100倍大，而月球的大小只有地球的四分之一左右。

114

太陽有陰晴圓缺嗎？

地球繞著太陽轉，月球繞著地球轉，它們各自依據不同的速度進行公轉。因此，太陽、月球和地球的位置有時會變成一直線。當三者的排列位置呈現太陽→月球→地球的狀態，從地球看到的太陽就會出現缺陷，這種現象稱為日蝕；相反的，如果排列位置為太陽→地球→月球時，月球就會在地球的陰影內，變得更暗，這種現象稱為月蝕。

這麼一來，新月時一定會出現日蝕、滿月時也一定會出現月蝕嗎？錯！因為地球和月球公轉時，都會呈現稍微傾斜的狀態，三者之間不容易形成完美的一直線，所以日蝕和月蝕現象並不常發生。

◀日蝕和月蝕的原理▶

日蝕

日蝕指的是月亮遮蔽太陽光時所產生的現象。當月亮完全遮蔽太陽時，稱為日全蝕；當月亮部分遮蔽太陽時，則稱為日偏蝕。日全蝕僅有在直徑250公里的範圍內才能看見。

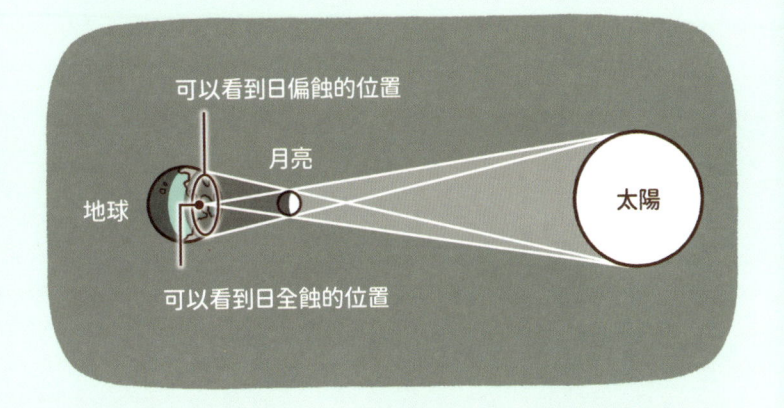

- 可以看到日偏蝕的位置
- 月亮
- 地球
- 可以看到日全蝕的位置
- 太陽

月蝕

月蝕指的是月亮進入地球陰影時所產生的現象。當月亮完全消失時，稱為月全蝕；當月亮只有一部分消失時，則稱為月偏蝕。月蝕現象會在滿月期間發生。

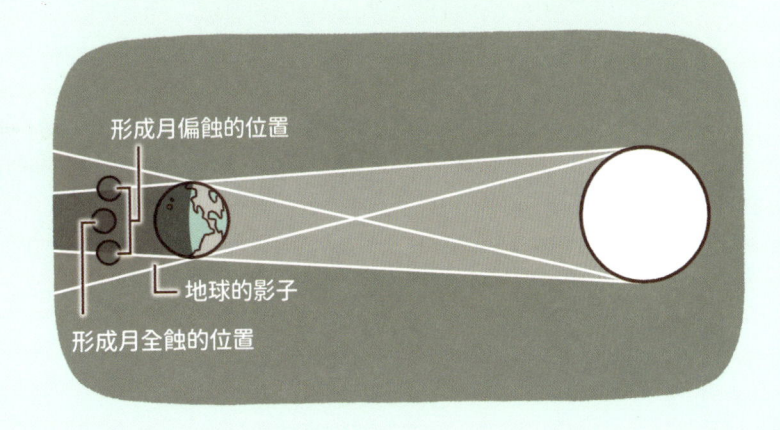

- 形成月偏蝕的位置
- 地球的影子
- 形成月全蝕的位置

關於太陽系和銀河系

地球・宇宙

太陽系和銀河系

金星跟地球一樣，是一顆繞著太陽旋轉的行星，並且隨著太陽的光芒而發光。因為離地球最近，所以在夜空中特別明亮且清楚可見。

以太陽為中心的行星和衛星群稱為太陽系行星，太陽系行星中，距離太陽最遠的行星是海王星，相距約45億公里。

我們在夜空中看到的星星，有許多是和太陽一樣，能夠自體發光的恆星。即使是距離最近的恆星，也比太陽和海王星的距離遠9千倍以上。

◀ 太陽系 ▶

太陽系中有八大行星，分別為水星、金星、地球、火星、木星、土星、天王星、海王星。行星以橢圓形的軌道圍繞著太陽旋轉。

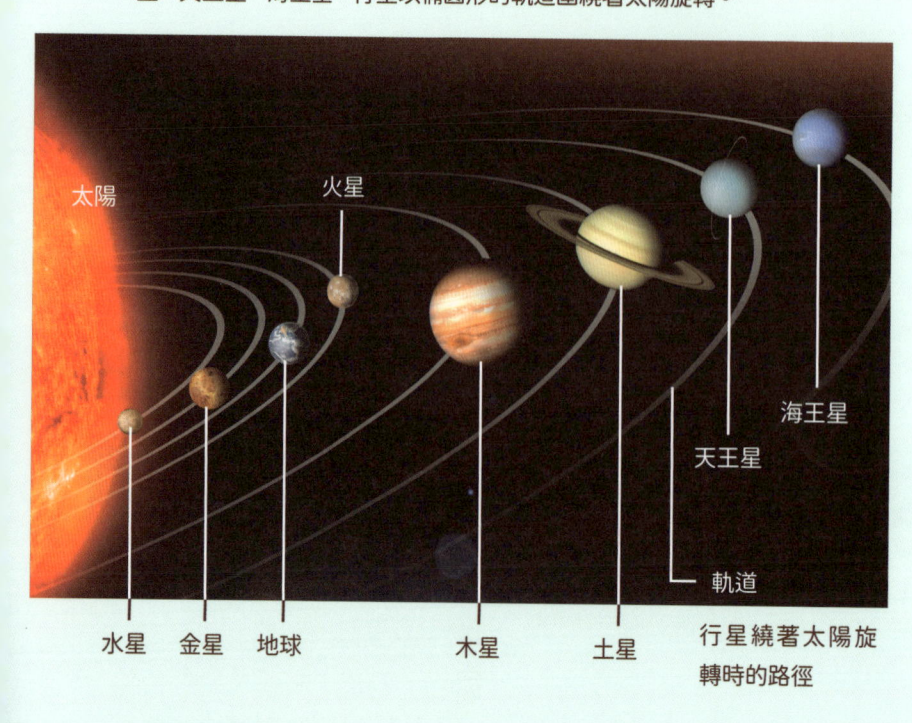

太陽　火星　海王星　天王星　軌道　木星　土星　地球　金星　水星

行星繞著太陽旋轉時的路徑

116

什麼是銀河？

當我們抬頭仰望夏天的夜空時，會看到一條白色的帶狀物，這條帶狀的星星看起來就像是流動的河流，所以稱為銀河。

銀河是許多恆星聚集在一起的，包括太陽在內的星系稱為銀河星系（銀河系）。

銀河系的中心附近聚集了大量的恆星，所以當我們從太陽系的方向往銀河系的中心看時，這些聚集在一起的恆星看起來就像一條白色的帶子。大家眼中所見的銀河，就是我們從身處的太陽系看到的銀河系模樣。

我們所在的北半球，在夏季的夜晚因地球會面向銀河系的中心，成為一年中最容易看見銀河的時期。

◀ 銀河系 ▶

銀河系的直徑以光速（秒速30萬公里）計算，約有10萬年的距離(相當於10萬光年)。從上面看，銀河系呈螺旋狀；從側面看，則像是中間凸起的圓盤狀。銀河系也包括了太陽系的行星，因此，地球也是銀河系的一顆行星。

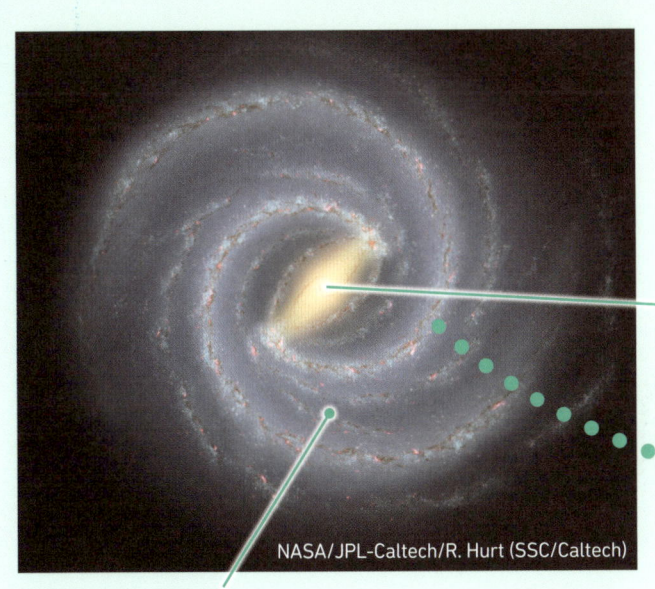

據說銀河系中約有2000億顆恆星。

NASA/JPL-Caltech/R. Hurt (SSC/Caltech)

地球的位置（太陽系）

越靠近中心的位置，聚集的恆星就越多。

從地球上看到的銀河系。

練習 ④ 一起來了解地球和宇宙吧！

動動腦！

你是否熟悉我們居住的地球呢？

Q1

氣壓高於周圍環境的特徵，下列哪一項敘述是錯的？

① 天氣非常好
② 會出現上升氣流
③ 空氣含量比周圍環境高

Q2

哪一個氣團使日本的夏季氣候炎熱？

① 西伯利亞氣團
② 鄂霍次克海氣團
③ 小笠原氣團

是會帶來雨水的氣團喔！

Q3

在颱風中心的「颱風眼」裡面，是什麼狀態呢？

① 裡面什麼都沒有，非常晴朗。
② 刮大風、下大雨。
③ 聚集厚厚的雲層。

Q4

河川生成的地形中，主要位於河川中游的是那些？

① 沖積扇
② 平原
③ 三角洲

118

Q7

月蝕發生時的月相狀態是哪一個？

① 新月
② 半月
③ 滿月

Q5

下圖是地球結構的說明圖，請在括號內填入正確名稱。

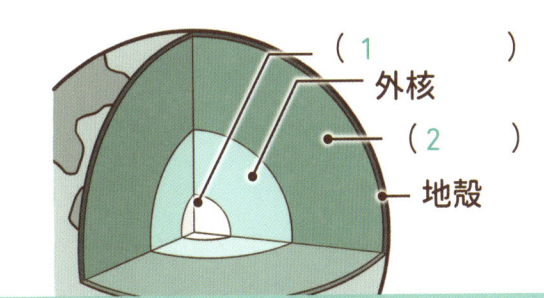

(1   )
外核
(2   )
地殼

Q8

太陽系裡面的哪一個行星，距離地球最遠？

① 金星
② 土星
③ 海王星

Q6

地球自轉軸與公轉平面呈幾度角呢？

① 約23度
② 約45度
③ 約90度

解答

Q1 ②　氣壓高的地方會出現下降氣流。

Q2 ③　小笠原氣團的特徵是溫暖潮濕，影響夏季天氣。

Q3 ①　「颱風眼」裡面空蕩蕩的，是無風無雨的好天氣。

Q4 ①　　**Q5** 1 內核　2 地函

Q6 ①　由於地軸呈傾斜狀，陽光照射到地球表面的範圍會不同，形成四季變化。

Q7 ③　　**Q8** ③

119

生物科技

「生物科技」——結合生物創造出來的技術

什麼是生物科技？

無論是蔬菜、水果、稻米、牛和豬等，現在都可以透過不同品種交配的改良方式，培育出更美味、更容易生長的品種。像這類利用生物特性，豐富人類生活的技術，就稱為生物科技。

生物科技正在迅速發展，在現今的時代，透過重新排列細胞中的基因，創造出具備更多優越特性的生物體，這樣的技術已經實際獲得應用了。

◀ 傳統的生物科技 ▶

發酵後製作出起司、酒、味噌、醬油等產品。

培育不同品種的組合，生產新品種。

◀ 現今的生物科技 ▶

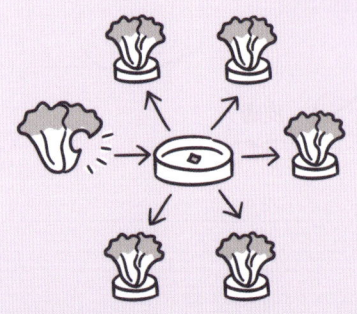

培育抗病細胞，生產大量抗病性佳的農作物。

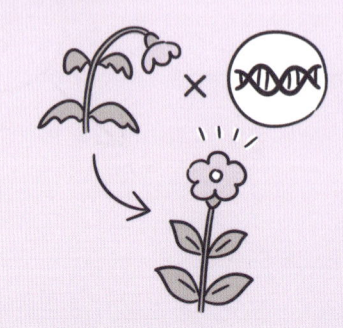

透過重組基因的方式，增強抗病能力，培育出優質的植物。

⑪ 生物科技

iPS 細胞，是什麼樣的細胞呢？

我們的細胞生成是預先決定的，例如皮膚細胞只能生成皮膚。不過，透過將特殊基因注入細胞內，可以創造生成出任何類型的細胞，這就是所謂的 iPS 細胞（人工幹細胞）。

為了治癒疾病或傷殘，即使我們接受別人的器官移植，也有可能發生排斥現象。但是，如果使用人工幹細胞製成的器官（由自己的細胞生成的），就不需要擔心排斥現象，而且還可以治癒疾病和傷殘。

人工幹細胞有望成為一種能夠幫助我們醫治至今無法治癒的疾病或傷殘的生物科技。

可以變成任何東西的iPS細胞
（誘導性多能幹細胞）

利用iPS細胞能夠創造出人類迄今無法創造的各種器官。西元二〇〇六年，由日本京都大學的山中伸彌教授率領的研究團隊，首次成功創建了ips細胞。

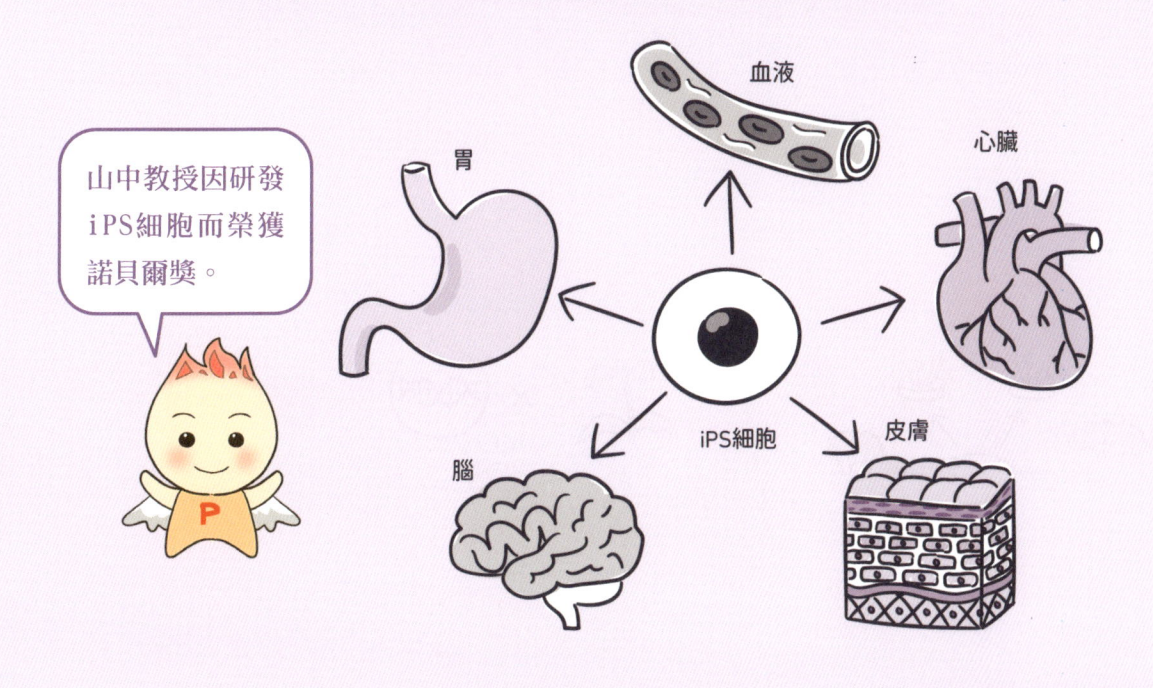

山中教授因研發iPS細胞而榮獲諾貝爾獎。

胃　　血液　　心臟　　iPS細胞　　腦　　皮膚

應用於日常生活中的生物科技①

過去，為了改良現有的品種，必須對不同的品種進行交叉配對，或將收穫的種子重新種植，不斷的重複這些動作，培育一個新品種需要花費很長的時間。現今，**如果能夠運用基因重組的技術，就能在短時間內創造出符合需求的品種。**

因此，基因重組技術被廣泛運用在農作物品種的改良。然而，很多人也提出質疑，這些經由基因重組創造出來的人造作物，真的能夠安全食用嗎？是否會對自然環境造成負面影響？關於這些問題的研究，目前仍持續進行中。

◀ 傳統的品種改良與基因重組的品種改良 ▶

與傳統的品種改良方法相比，使用基因重組技術培育出來的育種，可以在更短的時間且更有效率的實施品種改良。

傳統的品種改良

抗病性高的品種 ✕ 口感佳的品種

↓ 結合

可以產生多種特性的品種

↓ 更進一步與適合的目標品種進行配對

可培育出抗病性高、口感佳的品種。

基因重組

抗病性高的品種 ＋ 口感佳的品種基因

↓ 基因重組

可培育出抗病性高、口感佳的品種。

122

應用於日常生活中的生物科技②

抗生素是殺死細菌和治療疾病的藥物，青黴素是最早被發現的抗生素。自從在藍黴菌中發現抗生素之後，人們就開始利用生物科技，製造出許多能夠用來治療疾病的抗生素。

另外，基因重組技術也運用在糖尿病的治療上。糖尿病是因為人體無法自行製造足夠的胰島素，導致血液中的糖分大量增加的疾病。

傳統的治療，糖尿病患者使用的是牛或豬身上的胰島素。但是現在透過基因重組技術改造，可以讓大腸桿菌產生人體胰島素，提高了治療疾病的效率。

◀ 胰島素的製作方法 ▶

從健康的人體細胞中提取能產生胰島素的基因，並將這個基因注入大腸桿菌裡面。接著，大腸桿菌會開始製作、產出胰島素。

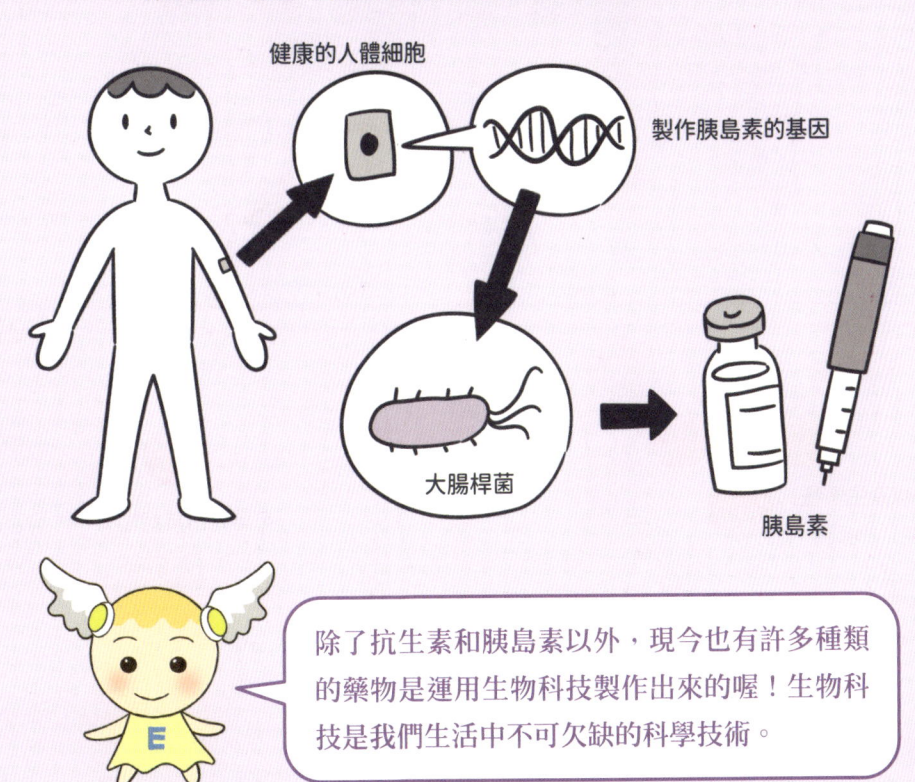

健康的人體細胞
製作胰島素的基因
大腸桿菌
胰島素

除了抗生素和胰島素以外，現今也有許多種類的藥物是運用生物科技製作出來的喔！生物科技是我們生活中不可欠缺的科學技術。

尾聲
對於生活中的各種「奧祕」，是不是開始感興趣了呢？
嗯！「科學」真有趣！
原來我們的身邊，有很多跟科學有關的事耶！
太好了！
哈囉！小P和小E在嗎？
啊！姐姐回來了！
嚇
我明天要補考物理，拜託啦！教教我！
抱緊
補考？這不常見呢！
可是，她說她完全不會寫……
躲
躲

那就是完全沒唸書囉！
悄悄話
喂！我聽得到你們講話喔！
抱歉！我們差不多該回去科學之星整理研究數據了。
欸！你們要回去了？
我們非常開心，得到了很多人類和地球的研究知識。
我也覺得好開心喔！
歡迎下次再來喔！
擦
我開始喜歡科學了，謝謝你們！
啊！等一下，等一下啦！我的考試怎麼辦？拜託，小P！小E！

優香，好好念書，加油喔！
咚
呵呵呵呵
下次見！
啊～啊～啊～
咻～
謝～謝～你～們！
怎麼這樣啦！
汪
汪
這個世界果然很棒，有這麼多讓人感興趣的事情呢！
接下來，我們也一起更加努力的研究各種事物吧！

給家長們的話

小學所學的科學是「基礎科學」，我們將告訴您如何讓孩子享受學習的樂趣，並且保持積極的學習態度。

Q 如何幫助孩子拓展科學的興趣？

A 首先，請家長們保持好奇心，試著找出科學有趣的地方。

孩子提出「這是什麼？」的疑問，以及尋找答案的行動力＝擁有「探索未知事物的傾向」，也就是藉由體驗和摸索各式各樣的事物來學習各種知識。換言之，對於自己不理解的事物，孩子們天生擁有一股渴望去了解、實際去嘗試解決問題的特質，並且在探索的期間，也會向大人提出各式各樣的問題。

當孩子提出問題時，如果大人們覺得跟著孩子一起思考很麻煩，或是以隨便應付了事的態度回應孩子，那麼孩子將會放棄提出問題，最後可能會養成只要記住接觸過的知識就好了的心態。如此一來，孩子的好奇心和探索精神就會降低，很可惜。

我希望成年人自己也能有一次愉快的體驗，並且認識到科學是多麼有趣的一門知識。無論大人或小孩，喜愛科學的人都充滿著好奇心並且有探索未知事物的傾向。身為家長，如果發現感到「有趣」的事物時，你的孩子肯定也會跟著想知道，進而激發出他們的好奇心與研究心。

Q 當孩子提出「為什麼會這樣呢？」的疑問時，沒辦法好好回答。

A 重要的不是給答案，而是讓孩子覺得他的問題「很有趣」。

當孩子提出「為什麼會這樣？」、「這是什麼？」的疑問時，請帶著孩子一起找答案。好奇心是開啟科學的第一步，而你首先要做的事，就是跟孩子一起培養對「不可思議的事物」產生興趣。家長們不一定要去做研究，或是學會如何教孩子，那樣也許很為難。你只要站在孩子的角度，陪著孩子閱讀學習，並且抱著「原因是什麼呢？」的心態就可以了。

相信大家都有過經驗，小時候弄不明白的事情，有時候到了國中、高中，甚至成年後，就找到解決方法。因此，家長們要做的重點不是回答孩子所有的問題，而是展現願意傾聽孩子問題的態度，讓孩子認為他提出的問題很有趣，即使你無法立刻回答孩子，也請讓孩子保持持續提出好問題的習慣。

科學館005

12歲前必學的基礎科學知識
12歲までに身につけたい科学の超きほん

監　　　　修	左卷健男
譯　　　　者	周子琪
專 業 審 訂	施政宏（彰化師範大學工業教育系博士）
語 文 審 訂	陳資翰（臺北市立大學歷史與地理學系）
責 任 編 輯	陳彩蘋
封 面 設 計	張天薪
內 文 排 版	李京蓉
童 書 行 銷	蔡雨庭・張敏莉・張詠涓
出 版 發 行	采實文化事業股份有限公司
業 務 發 行	張世明・林踏欣・林坤蓉・王貞玉
國 際 版 權	劉靜茹
印 務 採 購	曾玉霞
會 計 行 政	許俽瑀・李韶婉・張婕莛
法 律 顧 問	第一國際法律事務所　余淑杏律師
電 子 信 箱	acme@acmebook.com.tw
采 實 官 網	www.acmebook.com.tw
采 實 臉 書	www.facebook.com/acmebook01
采實童書粉絲團	https://www.facebook.com/acmestory/

I S B N	978-626-349-793-1
定　　　價	350元
初 版 一 刷	2024年10月
劃 撥 帳 號	50148859
劃 撥 戶 名	采實文化事業股份有限公司
	104 台北市中山區南京東路二段 95號 9樓
	電話：02-2511-9798　傳真：02-2571-3298

國家圖書館出版品預行編目(CIP)資料

12歲前必學的基礎科學知識 / 左卷健男監修；周子琪譯. -- 初版.
-- 臺北市：采實文化事業股份有限公司, 2024.10
128面；18.2×21公分. -- (科學館；5)
譯自：12歳までに身につけたい科学の超きほん
ISBN 978-626-349-793-1(平裝)

1.CST: 科学 2.CST: 通俗作品

307.9　　　　　　　　　　　　　　　113012016

線上讀者回函

立即掃描 QR Code 或輸入下方網址，
連結采實文化線上讀者回函，未來會
不定期寄送書訊、活動消息，並有機
會免費參加抽獎活動。

https://bit.ly/37oKZEa

12-SAI MADENI MI NI TSUKETAI KAGAKU NO CHO KIHON
BY Takeo Samaki
Copyright © 2022 Asahi Shimbun Publications Inc.
All rights reserved.
Original Japanese edition published by Asahi Shimbun Publications Inc., Japan.
Chinese translation rights in complex characters arranged with Asahi Shimbun Publications Inc., Japan through
BARDON-Chinese Media Agency, Taipei.

采實出版集團
ACME PUBLISHING GROUP
版權所有，未經同意不得
重製、轉載、翻印